职场的24个悖论

ZHICHANG DE 24GE BEILUN

廖康强⊙著

职场中要像狗狗一样活着吗？

是少数服从多数，还是多数服从少数？

职场出现危机，是离开还是想办法改善？

華齡出版社

责任编辑：潘笑竹　李杨
封面设计：国风设计
责任印制：李未圻

图书在版编目（CIP）数据

职场的 24 个悖论 / 廖康强著 . —北京：华龄出版社，2013.1
ISBN 978-7-5169-0231-8

Ⅰ . ①职…　Ⅱ . ①廖…　Ⅲ . ①成功心理 – 通俗读物　Ⅳ . ① B848.4–49

中国版本图书馆 CIP 数据核字（2012）第 279124 号

书　　名：职场的 24 个悖论
作　　者：廖康强　著
出版发行：华龄出版社
印　　制：三河科达彩色印装有限公司
版　　次：2013 年 1 月第 1 版　2013 年 1 月第 1 次印刷
开　　本：710×1000　1/16　　印　　张：10
字　　数：130 千字
定　　价：22.00 元

地　　址：北京西城区鼓楼西大街 41 号　　邮编：100009
电　　话：8404445（发行部）　　传真：84039173

序言 / Preface

早在两千多年前，中国和希腊的思想家就发现并探讨了许多类型的悖论。所谓“悖论”，简单地说就是自相矛盾的命题。职场中的悖论，就是在职场这一特定背景下产生的，看似合理，结论却自相矛盾的观点。有些命题初看起来理所当然，稍加分析就能发现其中的矛盾，比如，人们总认为精明而强悍的人士会获得成功，可是仔细分析就会发现很多看似“懦弱”，总是退让的人也同样获得了成功，这些都是职场中不同角度产生的不同看法纠缠在一起导致的矛盾。

哲学上，人们通常把悖论从命题的表现上分为三种类型：第一种命题看起来肯定错了，实际上却是正确的；第二种命题看起来正确，实际上却是错的；第三种命题在推理上无懈可击，但最终却导致明显的矛盾。

工作是生活的重要组成部分，而职场是我们躲不开的工作环境，占据了我们大部分时间和精力，重要性不言而喻。职场不仅包括了抽象的工作任务和具体的办公场所及辅具，更包含了错综复杂的人际关系和剪不断理还乱的规则与潜规则。深入了解职场，理性面对职场中遭遇的困难与挫折，慎重处理职场中的人际关

系，是我们人生学习过程中的重要一课，却也是艰难的一课。

哲学看似晦涩艰深，却恰恰是从纷繁复杂的表象中总结出的人生智慧，是以简代繁，去粗取精的成果，可以帮助我们化解职场的复杂性。本书就是从哲学这一全新的角度来阐释和剖析职场，用哲学悖论来揭示职场中矛盾和冲突的思想根源，帮助人们了解职场，掌握职场生存与发展的技巧。

花一些时间读一本这样的书，从哲学的角度去寻找一些问题的答案，或者可以从中获得一些处理职场问题的借鉴和参考。

目录 / Contents

1 决策悖论
——是少数服从多数，还是多数服从少数？ / 1
角落里的蘑菇：在角落里沉寂还是争取阳光？ / 3
是我错了还是他们错了？ / 6

2 第欧根尼悖论
——职场中要像狗狗一样活着吗？ / 8
主动出击，低调行事 / 9
维护上司的面子，坚持自己的原则 / 11

3 陆九渊悖论
——心有多大，舞台就有多大 / 14
敢想，才会有动力 / 15
心对了，你的职场就对了 / 18

4 节俭悖论
——节俭，让你的钱包鼓不起来 / 20
散财聚人，能成事 / 21
懂得为企业节约的员工升得快 / 22

5
纳什均衡危机
——在竞争中实现共赢 / 25
目光放远，寻找双赢的契合点 / 26
找个优秀的对手做自己的Partner / 29

6
环保悖论
——职场出现危机，是离开还是想办法改善？ / 32
远离压力侵蚀，保持原生态 / 33
左右逢源化解职场危机 / 35

7
刺猬悖论
——职场中的最佳距离 / 37
亲密无间会“刺伤”对方 / 39
在两只刺猬之间抹点润滑剂 / 41

8
皮格马利翁效应
——执着于内心的追求，梦想能否成真？ / 44
内模拟，源自内心的不竭动力 / 45
职场也需要反皮格马利翁效应 / 48

9
归纳悖论
——成功是独立事件，为什么还要阅读别人的故事？ / 52
别人的成功路径，不是你的模板 / 53
别让过去套牢你的未来 / 55

10
旅游悖论
——跳槽的诱惑？ / 57
跳槽，一半是海水，一半是火焰 / 58
新的旅游地，让你失去目标，失去自我 / 60

11
忒修斯悖论
——在不断的变化中思考 / 64
自我更新是职场立足之本 / 66
不要在改变中迷失自我 / 68

12
商品悖论
——老板更青睐稀缺的员工 / 72
打造稀缺竞争力，成为职场达人 / 73
树立稀缺品牌，将自己售卖出去 / 75

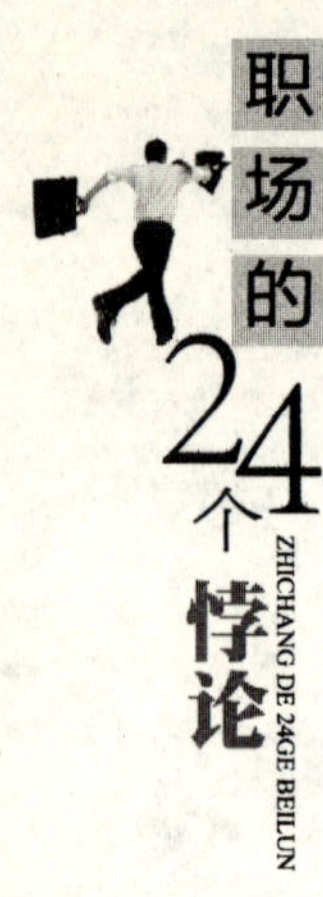

13 边际效用递减
——过度投入，沦为职场“套中人” / 78
工作狂，递减的是健康和生活质量 / 79
职场“套中人”，解脱靠自己 / 82

14 智猪悖论
——多付出并不多得 / 84
“小猪”：准确分析，力取不如智取 / 86
“大猪”：让大家看到我的付出 / 88

15 买椟还珠悖论
——好酒也怕巷子深，人才更怕无人识 / 91
重能力，也不要忽视了你的职业形象 / 92
厘清职场中的“珠”和“椟” / 93

16 全能悖论
——追求完美，让你的职场不完美 / 96
职场留白，留给自己更多空间 / 96
你的完美剥夺了别人的展示机会 / 99

17 哈定悲剧悖论
——职场的公共资源不用白不用？ / 101
爱护公共资源，才能共赢 / 102
懂职场规则，才能成功 / 104

18 棘轮效应
——职场惯性危机 / 106
没有危机意识，就像温水中的青蛙 / 107
帮助同事会让你陷入棘轮效应？ / 109

19 鸟笼效应
——“匹配”的力量 / 112
合理利用职场中的“鸟笼” / 114
不要在自己心里挂上无谓的“鸟笼” / 116

20 懦夫悖论
——懦夫也能成为赢家 / 119
以退为进，职场智者 / 120
退让不等于纵容，职场退让有原则 / 122

21 **借口悖论**
——为了开脱，结果反而陷入麻烦中 / 125
巧用借口，婉拒不伤人 / 126
责任与借口，你的选择代表你的态度 / 128

22 **时间旅行者悖论**
——时光无法逆转，珍惜当下 / 130
逝者如斯，珍惜当下 / 131
无法改变过去，就从过去的失败中成长 / 135

23 **囚徒困境**
——“相对速度”求生存 / 138
注定不会合作的“囚徒”，不宜合作 / 139
用“相对速度”求职场生存 / 141

24 **淘汰悖论**
——人才反而被淘汰 / 143
被驱逐被淘汰，一定是你的问题吗？ / 145
高学历就一定不会被淘汰吗？ / 146

后记 / 149

1 决策悖论

——是少数服从多数，还是多数服从少数?

“民主”这个概念源于古希腊语，意思是“民众治理”，即按照“少数服从多数”的原则来决定社会事务。“民主决策”被认为是一种最好的决策方式。那么，为什么“少数”一定要服从“多数”？难道多数人总是正确的，少数人总是错误的？然而在社会发展过程中，有许多情况都是多数人弄错了，比如在哥白尼提出“日心说”之前，多数人都认为太阳围绕地球旋转。

这一点在政治学和社会学上引起了长期的争论。在只有两种备选方案时，多数决策投票是非常有效的。但是，如果有两个以上备选方案时，就会出现循环投票，无胜出者的现象，学者称之为“决策的悖论”。

举例来说，假设有王明、李奎和张伟 3 人通过投票来决定选出优秀策划方案，备选的方案有：A、B、C，按多数决策的原则进行投票，有可能始终无一个方案胜出，如下表所示。

三人选择偏好

	第一选择	第二选择	第三选择
王明	A	B	C
李奎	C	A	B
张伟	B	C	A

从表格中可以看出，满足三人意愿又符合“民主决策”的选择是不存在的。在这种情况下，选民的意愿与“民主决策”主张的“少数服从多数”相矛盾。那么这也就暴露出民主决策的内在缺陷，说明“少数服从多数”并不适用于所有情况。

尤其是在职场中，民主决策往往是一种形势，少数服从多数的现象只是一种表象，实质上更多的是多数服从少数，比如领导、上司永远是少数，他们掌握着职场的话语权，决定着多数人的职场发展，在这样少数人的威权下，多数人不得不选择服从少数人，所以职场上决策机制与民主选择的决策机制相背离。

换一种角度，从创新的层面来说，职场需要创新精神，打破众人的思维模式，用新点子、新决策和新产品帮助自己实现职场发展的目的。在长期的决策实践中，人们会形成自己固定化的思考模式。这种思考模式适于处理职场中的常见问题，但是，当面临新情况、突发问题的时候，它往往成了束缚和障碍。构成这样思维定势的因素有很多，其中较为常见的一种因素就是“从众”，即个人受群体影响，在自身的判断、认识和行动上表现出和多数人一致的行为方式。简单地说，就是大家怎样，我也怎样。

通常情况下，群体的判断要优于个人的判断，但这种情况并不绝对，容易导致个体缺乏独立思考，只知跟随，不问是非曲直，这就是“盲止从区”，容易引发群体不理智行为。

职场竞争需要人们破除思维定势，打破“少数服从多数”的惯例，削弱思维从众倾向，在认识和思考问题的时候，多分析，多思考，并相信自己的理性判断，敢于顶住周围多数人的压力，敢于坚持自己的观点，不人云亦云，不随声附和。

职场中的决策悖论需要你适时做出决策，何时该理性跟随，何时该打破“少数服从多数”的常规，用自己独特的见解，让职场中的领导对你刮目相看。

角落里的蘑菇：在角落里沉寂还是争取阳光?

初入职场，无论自己多么有才华有能力，都有可能被置于阴暗的角落，比如被安排在不受重视的部门，或做打杂跑腿的工作，而且还会被无端地批评、指责，代人受过，更得不到必要的指导和提携，任其自生自灭。这些就好像蚕茧，羽化前必须经历的一步，阴暗角落的蘑菇经历是不可避免的，重要的是你怎样决策，是选择像大多数人一样，逃避阴暗的角落，还是抱怨自己怀才不遇？或者你可以选择在阴暗的角落成长为一朵蘑菇，让别人看到你的成长？

吴越是一名应届大学毕业生，但在毕业时由于各种原因错过了最佳求职期，后期一直很不顺利，最后生活无以为继只能暂作权宜到一家外企做了保洁员，负责老板办公的那个楼层的卫生清扫工作，每天的工作就是拖地、擦玻璃、扫厕所……单调的劳动和艰苦的工作环境让他越来越难以忍受。每天看着其他职员坐在办公室里为未来打拼他十分羡慕。

每天在保洁员的休息室里，同事们一边吃着午饭，一边抱怨着。骂累了，他们才散开来嘟嘟囔囔地去干各自的活。吴越慢慢地被他们同化了，和他们一样在私底下抱怨，对工作也也越来越不上心，就这样，吴越也常常被后勤主管骂，他和主管的关系越来越僵。

一次激烈的争吵之后，吴越明白不能如此下去，要么另外寻找发展空间，要么不再抱怨，兢兢业业做好本职工作。从那以后无论遇到谁，他都报以微笑。后来，一些高管遇到他也会聊聊天，逐渐了解了他的学业背景和才识。

有一段时间，吴越发现老板如厕的时间比较久，而且似乎很痛苦。吴越猜测老板可能是有些便秘，便悄悄带了些去火润肠的茶叶，找到老板的秘书，跟她说明了情况，拜托她有机会给老板泡些茶降火。后来老板发现秘书偶尔泡茶给他，而不是一贯所喝的咖啡，便问及此事，才知道原来是打扫厕所的那个小伙子想到的，又了解到他的学业背景，觉得这样细心憨厚的年轻人十分难得，便在有了岗位空缺时给了他一个煅炼的机会，吴越十分珍视这个机会，工作十分卖力，加之做保洁员的一年中没有放弃学习，又在打扫厕所时认识了许多高管，使得工作开展起来顺利了许多。最终，吴越在这家企业里找到了适合自己的位置。

其实初入职场的人，单位以及上司和同事并不了解你的能力，也就不能冒风险把你放在重要位置上承担大任，因为一旦你做不好这份工作可能会给公司带来重大损失，把你放在阴暗的角落让你做一些小事也许只是对你的试探和考验，试探你的能力和态度，考验你的耐心。而且，新人往往需要这样一个过渡阶段来适应，来融入。当然，也有人是像故事中的吴越一样，由于种种原因没有找到适合的位置，这个时候就要学习吴越，不放弃自己的梦想，没有机会，就去创造机会。

所谓“不破不立”，阴暗角落的一朵蘑菇，需要做的就是寻找和把握时机，不要以为做保洁就没有机会，不要以为角落中就不能成长，吴越打扫的楼层每天进进出出的都是公司的高管，有几个人能有机会每天看见他们？这不就是机会？吴越完全可以利用角落中的机会和他们搞好关系，也可以从他们那里得到对自己有用的信息，时间长了，就一定能够寻找到对自己有益的机会！当你是阴暗角落一朵蘑菇时，你是随大流抱怨自己，埋怨上司和领导，还是自己积极想办法，寻找机会，让别人知道你是一朵有用的蘑菇？这取决于你的决策。像多数人那样抱怨自己的处境，抱怨才华横溢的自己被摆放在阴暗的角落，感叹了无希望不见阳光，殊不知选择权仍在自己手中：是在阴暗的角落里腐坏沉寂，还是汲取泥土中的养分暗自成长，终有一天冲破丛林阻挡？

你的职场 >>>

我们在初入职场时，如何走出被置于阴暗角落的境地，你可以尝试以下几点做法：

第一，了解并遵守所在企业的文化。无论什么样的企业都有各种各样显性或隐性的制度和规则，它们加在一起，就构成了企业文化。要想早日从阴暗的角落成长，在单位里如鱼得水，就要将这些制度、规则铭记于心，并严格遵守，比如不迟到、早退，办公时间不打私人电话等等。

第二，快速熟悉并尽可能了解身边同事。初入职场，无论自己身处何种底层岗位，都要尽快和身边同事们熟悉起来，从中找到几位兴趣相投、价值观相近的，与之建立友谊，慢慢地打造自己在公司里的交际圈，在工作中遇到问题积极向同事请教。

第三，准确定位，迅速转变角色。初入职场，首先需要对于自己的角色尽快定位，比如毕业生要尽快从学生的角色转变为职员的定位，一切都要从头学起，抛弃书本中的教条，摆平自己的心态，不要以为自己多读几年书，就比那些文凭不如自己的老员工强。

第四，调整心态快乐工作。初入职场，对于陌生的工作感觉无从下手是很正常的。对此，不要气馁或闷闷不乐，更不要满腹牢骚。其实你在努力的同时，你的上司和身边的同事也在默默地观察、熟悉、了解你，并试图让你尽快融入进来。

是我错了还是他们错了？

在工作中，只有打破旧规，坚持创新，才能在激烈的竞争中脱颖而出。越是能从多数人的常规之外找方法，就越有核心竞争力；新的观点和想法才能带来新的可能和突破。职场中的许多人都有一种惰性，认为创新是公司老板的事，是研发小组的事情，与自己无关；他们每天只是在重复性地完成工作，不思突破，结果做来做去始终平庸，没有丝毫的改变和进步，这样的人怎么会有所发展呢？

他们的职场 >>>

小王经过几天几夜的思考，有了一个新想法。当他把这个新想法告诉一个同事的时候，那个同事说："你错了！"他又告诉第二个同事，第二个同事还是说："你错了！"他再告诉你的上司，可是上司也说："你错了"。于是，小王就会在心里说："大家都不赞同我，看来确实是我错了。"这就是少数服从多数的一种现象，也是大众同化的力量，让人难以坚持自己的观点。

当你有了新的想法，即便所有的同事都说你错了，也要有坚持自己的想法的勇气，用实际的行动去验证自己的想法。

日本有一家纺织公司的董事长，名叫太原总一郎，他曾提出制造一种合成纤维"维尼纶"的计划。但是，这项计划在公司内部遭到众多高管普遍的反对，理由是这项计划没有人做过，与其冒险摸索新路子不如安稳地延续旧路子。太原总一郎坚持了自己的计划，最终大获成功。他父亲经常对他说："一项新事业，在十个人当中，有一两个人赞成就可以开始了；有五个人赞成时，就已经迟了一步；如果有七八个人赞成，那就太晚了。”

创新虽不易，却值得尝试。IBM 的总经理沃森说过：“我最喜欢的是那些敢于创新的员工。这些人敢于打破旧有的思想枷锁，不随大流，还能为公司带来新鲜的血液，能推动公司的发展，为公司带来新的生命力。”

你的职场 >>>

职场中流传着这样一句话：在模仿中成长，在创新中成功。打破常规可以从以下几个方面入手。

首先，要乐于接受各种新鲜事物，接受别人的创意。不要动不动就说“不可行”，“办不到”，“别人都不会这样”，“没有用”，“那样会不会显得很傻”这样的话。创新的源泉在于学习和接纳，有人说过：“我并不想把自己装得精明干练，但我却是这个行业中最好的一块海绵。我尽我所能地去吸取所有良好的创意。”

第二，要勇于探索和实践。勇于尝试新事物，作出改变，试一试从来没有走过的路，尝试一下没有去过的餐馆，看一看新的书籍，看一场新的电影，结交一些新的朋友。

第三，勤于思考和分析，主动解决问题而不是被动等待，坐享其成。如果说学习和接纳是创新的源泉，那么思考和分析就是促成创新的催化剂。学习和接纳而来的知识和想法并不算自己的，它们只有经过思考的发酵，在消化和理解后去实践去应用，才能在遇到问题时派得上用场，想得出创新方案。

2 第欧根尼悖论

——职场中要像狗狗一样活着吗?

犬儒主义是公元前 4 世纪古希腊的一个哲学流派。这一流派的奠基人是古希腊哲学家安提斯泰尼，而最著名的代表人物就是第欧根尼。犬儒学派主张摒弃世俗和规则，回归“自然”的生活。而第欧根尼更是提出了惊世骇俗的主张：像狗一样活着。这一主张的内涵，主要可以解释为两点。

首先是无欲无求，就是欲望不要太多，而且无论处于什么样的境地都应该泰然处之，不把它当回事儿。人生在世，总会有各种各样的欲望，既想多赚钱购得豪宅、名车，又想时不时地携带俊男美女外出旅游，还想把自己的孩子送到名校。欲望多了，失落也必然会多，这样挫折和失败肯定不会少，如果一一较起真儿来，便会引出无尽的忧伤和烦恼。所以，“不动心，少妄念”，向狗狗学习，就能够优哉游哉地生活下去。

第二是抛弃羞耻心。犬儒学派藐视一切世俗规则，当然也包括世俗荣辱观和价值观。他们藐视财富、名声、快乐、生命等社会倡导的东西，宣传提倡其对立面：贫困、坏名声、痛苦和死亡等为社会所避讳的东西。第欧根尼作为犬儒学派的先驱，就曾公然在大街上做出“像狗一样”的行为。

可是，像狗狗那样活着，等着主人给食物，与职场中人们工作的本性相违背。因为任何职业令人喜欢的程度取决于从业者驾驭局面的程度，任何职业令人不快的程度取决于从业者被动接受的程度。就像打猎，单独、自由地打猎能够带来强烈的快乐，是因为猎人自己制定计划，执行或改变这个计划，不需要向任何人汇报情况和说明理由。与之相比，当把猎物赶到你面前，或干脆找人杀死这头猎物烧好给你吃，这样带来的乐趣就小得多。

职场中的人们像猎人一样自己制定计划，自己追逐打猎，即便忍受职场规则，也十分享受追逐成功的过程。而像狗狗一样在职场活着，每日安稳地喝喝茶、看看报纸，只求不被辞退，无欲无求的这种状态不符合人们通过工作满足自己成功欲望的需求。人们讨厌送上门来的成果，喜欢自己争取到的快乐和满足感；喜欢行动和征服，不喜欢静止不动，消极忍受。

也有人说，职场只求目的不求手段，像狗狗那样如果能够达到发展的目的，何乐而不为？辛苦的工作，不懂得迎合上司、不知道怎么与人沟通，怎么能够像猎人一样追逐到猎物？从这个角度来看，狗狗生存法则好像也有一定的道理，像狗狗一样可能会有损一些人的尊严，不被认可。职场有没有那种既像狗狗一样聪明地讨上司欢心，又能够保存自己尊严的法则？

主动出击，低调行事

虽然犬儒学派所主张的“无欲无求”与职场哲学相悖，但第欧根尼主张的“像狗一样生活”的理念对于职场人来说也不是完全不足取，至少，像狗狗一样低调的行事方式往往是为职场所欢迎的安全选择。

历来职场都有“夹着尾巴做人”的说法。其中涵盖的法则就是：其一，缩头夹尾做低调状，就会少受他人攻击，保存自己的实力；其二，狗的夹尾收臀其实是为了进攻，“退可守进可攻”，也就是藏而不露。这个职场法则虽然每个人都知道，但是并不是每个职场上的人都能做到，并且做得巧妙不留痕迹。

他们的职场 >>>

马周是唐太宗身边的大臣，虽然他的名声不如直谏之臣魏征的大，但他在唐太宗身边20多年，仕途平步青云，一帆风顺。他为人行事低调，也爱给皇帝提意见，但比较讲究艺术，不像魏征那样直来直去，不顾皇帝的颜面。例如贞观六年的一次上书，马周反对李世民去九成宫避暑，但他没有直接指责唐太宗，批评他只知道自己图凉快，把责任丢一边政事交给皇太子，而是以“孝”的名义来劝阻唐太宗：“太上皇春秋已高，陛下宣朝夕视膳。今九成宫去京师三百余里，太上皇或时思念陛下，陛下何以赴之？”最后直接提出了自己的要求，请唐太宗立即颁布回朝之期，“以解众惑”。他借了“孝”这样一个堂皇的晃子，让唐太宗想要拒绝也无从说起，只好答应。

以这种低调迂回不折皇帝面子的方式达成自己劝谏的目的，是马周为臣的过人之处。与他的煞费苦心相比，魏征的直言劝谏更加不卑不亢，更能显示出不畏皇权的正直不屈，更高调更引人注目，也就获得了更多赞誉。但魏征常有，而唐太宗不常有，很难说究竟是魏征成全了唐太宗，还是唐太宗成全了魏征。谏臣魏征的事迹只能是佳话，不会是常态，真正的官场智者是行事低调，讲求策略的马周，而他的处事方式同样适用于职场。

你的职场 >>>

中国有句古语叫“枪打出头鸟”，人在职场上“强出头”是很危险的，因为你一“出头”，就要损害某些人的利益。纵使一时成功，也可能为以后的失败埋下伏笔，免不了以后被人攻击。与其勉强“出头”，不如顺其自然，韬光养晦，然后适时地“低调闪耀”。

维护上司的面子，坚持自己的原则

行事低调，维护上司的面子，并不意味着一味顺从、迎合。人都会犯错，手握大权的人也不例外，而且这些人一旦犯了错，造成的损失更大更难以挽回。因而作为他们下属的你，不仅应该有自己的是非观念和冷静判断，更有责任在上司犯错时予以提醒、劝谏和补救，而在此时，只要照顾到他们的颜面和感受，确保不弄巧成拙，劝谏不成反受牵怒，能同时做到这两点才算得上是职场达人。

他们的职场 >>

一天，单位发生了一起事故，一把手立即布置召开会议，当李峻通知二把手时，二把手不高兴地说：“这个时候开什么会，乱弹琴。”显然，这句话的分量是很重的，一旦传给一把手，一定会对二把手造成不好的影响。可后来一把手问李峻有没有通知二把手，二把手说了什么的时候，李峻只是模糊地回答说：“出了事故，领导心情也很沉重，没说什么。”就这样巧妙地掩饰过去了。试想，如果李峻实话实说，那么一把手一定会对二把手有意见，作为二把手的下属，李峻自然也不会在一把手那里讨什么好，而且如果事后二把手知道李峻的做法，也会对李峻有意见，那么在这个单位李峻肯定没什么发展前途了。

古人说：人非圣贤，孰能无过。上司也有犯错误和失误的时候，当然，在上司做决策的时候，如果有明显的失误，这时候不妨私底下善意提醒上司，不要任由上司犯错误。一旦产生错误的结果，作为下属一定要想

办法替上司挽回，如果不在自己的职权范围，可以为上司提供挽回的建议，尽可能帮助上司去挽回。

故事中的李峻正是认识到这一点，明白二把手的那句抱怨只是情急之下的无心之语，才没有将这句对事态没有任何助益的话原原本本地告诉给一把手，而是掩饰过去，让本来已经很严重的情况没有节外生枝，避免了两个领导者因一句话而生嫌隙的可能。

你的职场 >>>

除了维护上司的颜面又不失自己的原则以外，在与上司的交往中，还要把握好时机和度。就是再接近下属的上司，他也是一位上司，也有着上司的特点和共性。所以，必须充分利用好同上司接触的机会，发展你同上司的关系。

首先，与上司保持经常性的接触。与上司保持经常性的接触，绝不是一味地讨好、巴结他。对上司只会顺从、维护，明知上司出了差错，也不去指出和纠正，是很难成就大事业的。而且，时间长了上司也会明白，你所做的一切，无非是想保住你的位子，往上爬；明白你所谓的为上司效犬马之劳，只不过是为了换取某种私人利益，不是真正的为他着想，帮助他。与上司保持经常性的接触是为了了解上司的想法和需求，想办法帮助上司达成他的职场愿望，上司的愿望达成了，那么自己升职的愿望才可能实现。而且与上司保持经常性的接触，时不时地汇报一下自己的工作，有助于让上司了解你的工作进展，进而了解你的实力。再者，经常与上司保持接触，可以在上司需要人手的时候，脑海中首先想到你，这样你得到的机会就会多一些。

其次，得到上司的信任，要学会维护上司的颜面。适当的保密，有助于上司对你产生信赖感。对影响上司颜面或形象的话不要传递，自己也要少说。有时候人在生气的时候容易说出一些在平时根本不可能说的话，比如会影响上司人际关系的话，作为下属要懂得体谅和包容，理性判断，不传闲话。

除此以外，在与上司的交往中还有很多细节值得观注，掌握这些细节，不仅有助于人际关系的改善，更能提高工作中的配合、默契度，达到事半功倍的效果。

第一，找上司谈事的时间，最好安排在上午或下午一上班的时候。这个时候，上司还没接触其他工作，精神和情绪都处于较佳的时刻，这时去汇报工作，他会耐心听取；请示工作，他也会认真答复。尽可能避免快下班时或工作一天的下午后半时去上司那里，此时，他可能因长时间的劳累而心绪烦躁，缺乏耐心和热情，对工作对你都不是有利的时机。

第二，上司开会时要积极发言，布置任务时要积极响应。上司主持开会，是听取大家的意见，也是他了解公司员工思想、工作水平的一个机会。他此时的心情是希望大家发言，发言就是对他的支持，主持会议者，最怕大家一言不发，使他感到难堪。讨论时积极发言，打破僵局，谈出自己看法，会给上司留下好印象。但是一味的顺从领导，没有一点自己建设性的建议或发言，也会让领导觉得你是个没有思想的员工，或者不会为了公司的发展进行思考的人。

第三，不要总以琐碎小事频繁请示上司。自己能克服的困难和能办的小事情，不要去麻烦上司。否则，他会感到你这个人太无主见，缺乏独立工作能力。有的人以为只有多和领导沟通，多请示汇报，就一定会赢得领导的看重。这种想法不错，但是如果你总是拿一些小事情向他汇报，会让领导小瞧了你，觉得你只能做一些微不足道的小事，而且领导通常比较忙，也不会喜欢你总是用这些小事打扰他。

第四，与上司的交往要分清场合，公私分明。与上司交往，要分清场合，把握好分寸。比如，某些人在开会时，非要每次都坐在上司的身边，一边开会，一边同上司低声交谈。大家看着会很不舒服，认为他是有意讨好上司，并向众人炫耀他与上司的亲密关系。就是上司本人，也不见得会认可这种行为，与自己的下属在公众场合太过亲昵，不是一位明智的上司该有的做法。

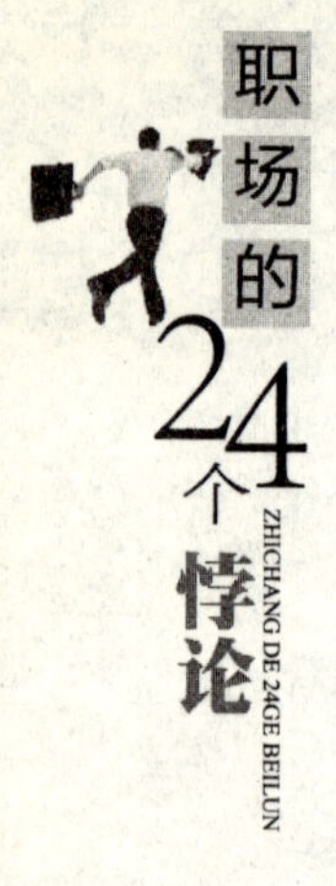

3 陆九渊悖论

——心有多大，舞台就有多大

陆九渊是南宋哲学家、教育学家，宋明两代著名主观唯心主义哲学学派“心学”创始人。他提出“宇宙内事乃已分内事，己分内事乃宇宙内事”，“宇宙是吾心，吾心便是宇宙”，他认为在治学方面，应“先发明人之本心然后使之博览”，因为“心即理”，不必过于依靠外物，过于纠缠于读书穷理，“学苟知本，六经皆我注脚”。

“心即理”就是陆九渊所创立的“心学”的核心，强调“自作主宰”和精神的能动性作用。陆学认为心和理都是天赋的，永恒不变，仁义礼智信等封建道德也是人的天性所固有的，不是后天学习塑造起来的，学习只是为了发现“本心”。这与当时盛行的程朱理学主旨相悖，后者代表朱熹坚持客观唯心主义观点，主张通过博览群书和对外物的观察来启发内心。

不仅仅在治学方面，在本体论上，二者也有着根本的分歧。朱熹曾问于陆九渊：“自有宇宙以来，已有此溪山，还有此佳客否？”而这正是陆氏心学所面临的理论难题：究竟是宇宙先于人心，还是人心先于宇宙？心学学派面对这一质疑，则提出了另一个更为难以解答的问题。心学主张“心即宇宙”，说明“心外无物”，如果反对这一观点，那么就需要列举出“心外之物”。然而这个问题与一般认识过程相悖：“心外之物”必然是人们认识之外的东西，然而这个东西一旦被列举出来，即说明它已经存在于意识之内了。

这显然与现在的客观唯物主义所主张的“先有物质后有意识”，“物质决定意识”相悖。先不论孰对孰错，哲学的每一阶段都有其鲜明的历史背景，受到历史条件的约束和限制。陆九渊在他所处的时代，看到了政治的腐败和科举的弊病，他认为道理人人都懂，但学与用，理解与实践是两码事，多懂得道理并不能改变人的思想，在知识背后，有着决定人知识方向的东西，这就是“志”，即人的根本，做事的动机。他认为当务之急是救治人心，转变人的立场，即发现“本心”。

从这一点上来看，陆九渊肯定意识的能动作用是没错的。无论在治学方面还是在处事方面，人的意识无疑对其行为态度甚至结果产生影响，在职场同样如此。

敢想，才会有动力

“我心即宇宙”，心有多大，宇宙便有多大。电视台有个公益广告，“心有多大，舞台就有多大”可能来自陆九渊的启发。职场中也是一样，只要你敢想，无论你内心想要的多么离谱，只要你去坚持做，那么总有一天你所想的能够实现。敢想，是职场中人们前进的动力。因为敢想能够激发人的全部力量，尽力而为，超越自我，那比做得好还重要。成功与默默无闻之间仅仅一念而已，在于你的“心”。

他们的职场 >>>

敢想可以使一个人的能力在职场中发挥到极致，也可逼得一个人献

出一切，排除所有障碍。敢想使人在职场中全速前进而不瞻前顾后，充分发挥自己的能力，尽力施展一切，少有遗憾。

姚瑶从小就热爱文学，一直梦想着能成为一名作家。她把大部分课余时间都花在了阅读文学作品上，平时也喜欢写点感想放到空间中。然而毕业以后，她却做起了化妆品销售的工作，一方面是迫于家人和生活的压力，大家都说这一行薪酬优厚；另一方面，也有很多人劝她，文学创作收入不稳定，起步艰难，只适合作为副业。于是她在一番挣扎后妥协了。她原本想要在工作稳定下来以后重拾文学创作，然而却发现工作越来越忙，每天电话不断，别说静下心来思考和创作，就连拾起平日钟情的文学作品的时间都没有了。化妆品销售并不是她想要的工作，然而已经投入了精力的事情越来越让她难以放下，可是又不甘心离自己原本的梦想越来越远。姚瑶陷入了矛盾之中。

姚瑶矛盾的根源是虽然她有作家的梦想，但是不敢想，因为她心中有许多的不确定，她担心自己付出很多努力却不能成为作家；而敢想的人会认定自己所想一定会成功，这份确定才是想中之“敢”，没有这份确定，所想只能成为梦想。敢想之人，一旦认定就会破斧沉舟，投入百分百的精力。敢想之人，他心中存有一份希望，这份希望更确切地说是一个目标，经过努力可以实现的，不似姚瑶那样不确定，作家对她来说就像是一种奢望。敢想之人，因为认定目标可以实现，所以他的奋斗历程不似外人看的那般苦不堪言，其中乐趣不敢想之人无法体会到。

你的职场 >>>

马丁·路德·金说过：“世界上每一件事都是抱着希望而做成的。”人们基于对职场的认识找到自己的目标，实现目标的需要即是动机。职场中人的动机愈强烈，离目标就越近，正如同弓拉得愈满，箭就飞得愈远一样。有了明确的、高远的目标，又有火热的、坚不可摧的愿望力量，必然产生坚决有力的行动。只有不畏困难，不轻言失败，信心百倍，朝着既定目标不回头，才会在有生之年走向成功。实现目标的欲望越强烈，成功的可能性就越大。相反，没有坚不可摧的成功愿望，目标便可能永远达不到。那么职场中的“敢想”，可以体现为哪几方面呢？

首先，你相信自己能够做到的，你可能会做到；你不相信自己能做到的，就一定做不到。职场中没有什么是一定做不到的，有些事情其实只要你愿意都能做到，只是你不知道自己能够做到。职场中人们很容易将思维编人既存的框架里，或满足或失意或进取等等，产生“只有这么点能力”“这都是命中注定”或“无法更改”的思维定势。逐渐失去跨出围绕身边框架的勇气，然后将自己对人生的梦想和雄心一个个抛弃掉。

所以，永远也不要消极地认定什么事情是不可能的。这并不是要求你从你的人生字典中把“不可能”剪掉，而是不再以它为逃避退缩不行动的借口。只有认为一切皆有可能，才会全力以赴，不管结果如何，所想的，我们都努力去尝试了，这就算是赢了。

第二，有勇气选择自己所爱的职业。敢想的人所想的出发点是自己的兴趣爱好，选择自己真正喜爱的工作。他们花大部分时间做自己喜欢的工作，留小部分时间去做那些自己不喜欢干的琐事。重视内在的满足，而不只是外在的报偿，如提薪、升职等。当然，坚持梦想的人最后往往能得到这一切。毕竟兴趣是最强劲的动力，工作越干越好，报酬自然也越高。

第三，勇于担风险。职场中不少人喜欢站在“舒适区”，喜欢安逸的职场生活，每个月拿着满意的工资，做着没有太大压力的工作。这样的人不愿去触碰新的机会，也是不“敢想”的人。然而这种看似稳定安逸的生活也可能会成为“温柔的枷锁”让人沉迷其中，勇气陷落，意志被消磨，被这种生活套牢的人，再没有跨出圈外去尝试的勇气。失掉承担风险的勇气，也就远离了冒险后会拥有的一切可能。

第四，做自己的伯乐。不经过尝试，一个人往往很难看清自己的兴

趣和潜能所在。每个人都有自己擅长和不擅长的事，如何发掘出自己擅长的那一方面？千里马常有而伯乐不常有，很多时候你需要做自己的伯乐，抓住机遇，勇敢尝试，不要害怕失败，因为一次失败往往意味着更多成功的可能。

心对了，你的职场就对了

心态是职场发展方向的控制塔。要么你去驾驭职场，要么是职场驾驭你，这一切取决于你的心。心态即命运。

他们的职场 >>>

故事一：20世纪90年代，日本有家鞋厂派两个市场推广人员去非洲考察市场，一个月后，其中一名工作人员发来电报说：非洲由于气候炎热，当地人习惯光着脚，从不穿鞋，鞋在这里没市场。随后他失望地回到了日本。可是，过了一个半月，另一位工作人员也发来电报说：非洲没有人穿鞋，都光着脚，这里的市场太大了。随后不久，这名市场推广人员兴高采烈地拿着一份详细的市场推广计划书，回到了总部。得到总部的批准后，他带领销售团队和大量的鞋子再次飞回非洲。他想方设法宣传穿鞋的好处，慢慢地引导非洲人穿鞋，最后不但将所有的鞋子销售出去，还增加了货物的供应量。最后，他索性常驻非洲，代理各种品牌的鞋子。

故事二：古时候有个老太太有两个姑娘。大姑娘家里卖油伞，二姑娘家里开染坊。下雨的时候，老太太忧心忡忡，担心二姑娘染的布晒不干，霉烂了就没法做生意了；天晴的时候，老太太也心事重重，害怕大姑娘的油伞卖不出去，没有生计。久而久之，老太太愁出病来了，无论吃什么药都无济于事。后来一个郎中来给他看病，问明了情况，什么药都没开，只是告诉她：天晴的时候，您为二姑娘高兴，因为她染的布不会霉掉，能卖出好价钱；下雨的时候，您就为大姑娘高兴，因为她家的油伞会卖得很好。

两种考虑问题的方式，两种心态，截然不同的两种结果。决定你的职场的关键不在于你是否聪明，也不在于环境，而在于心态。

其实每一个人都随身携带着一种看不见的法宝，它的一面写着“积极的心态”，另一面写着“消极的心态”。积极的心态可以使你的职场顺利，而且你的人生也容易成功；消极的心态则使你患得患失，摇摆不定。

有什么样的心态就有什么样的人生。消极的人在职场中会从机会里看到难题，积极的人每每从难题里看到机会。我们可能无法改变身边的同事、上司，但我们至少可以调整自己的心态；我们可能无法左右职场发展的趋势，但至少可以调整自己的工作态度，人们应该努力学会积极的思维方式，努力保持积极的心态。

你的职场 >>>

当你面对一件事，更多的是看阴暗面还是看光明面？当你面对一个人，更多的是看缺点还是优点？当你面对危机，更多的是看危险还是看机遇？

选择什么角度去看，这是每个人的自由，也是每个人的智慧，但你应该知道：看法决定想法，想法决定做法，而做法决定结果。

做管理的人，无端放大员工的缺点和劣势，而看不到员工的潜质、特长、对成功的渴望，那他怎么成为职业经理人？

做销售的人，无端放大被拒绝的事实，而看不到拒绝背后客户的需要、竞争上的动向和产品改进的余地，他怎么能够成长？

只要我们重新梳理思路，改变一下对待事物的看法，我们就完全可以找到不同的答案。

4 节俭悖论

——节俭，让你的钱包鼓不起来

节俭是最常用的一种个人财富积累的方式，是中国自古以来一直秉承的优良传统。对于家庭而言，一个能勤俭持家、减少浪费、增加储蓄的女主人会被认为是精明能干的家庭主妇，会使生活越来越富裕。

但是，凯恩斯所提出的节俭悖论却认为，公众越节俭，越倾向于储蓄，那么产品需求就越少，社会总消费量就越低，这样就往往会导致社会收入的减少。由此可见，节俭对于整个社会的经济增长来说并没有任何促进作用。储蓄和消费是人们的收入的两种主要用途，而消费与储蓄成反方向变动，也就是说，一个人消费得越多，那么储蓄就会越少；反之消费得越少，储蓄就会越多。消费量决定了需求量，从而也就决定了国民收入的多少。因此，个人储蓄与国民收入成反比，储蓄增加，国民收入就减少，导致社会经济萧条；储蓄减少，国民收入反而增加，则能够促进社会繁荣。

这样悖论就出现了：

个人的节俭能够增加储蓄、积累个人财富；可是对于整个社会而言，个人的节俭会减少国民收入、引起经济萧条。商品市场上的需求量减少，厂家就不得不削减产量，解雇工人，而个人的收入也就相应地减少了，收入减少，储蓄也自然会减少。

职场当中也是如此，节俭的人会降低需求，那么在职场中与人交往也会缩手缩脚，考虑到要减少自己的支出，节俭的人不会为了搭建自己的人脉关系而超额支出。而且，节俭的人更容易满足，他们不愿意主动承担更多的工作以争取更高的薪酬，长此以往，工作积极性和工作量也会相应下降，不但工资有降低可能，甚至还会失去工作。这样看来，节俭会导致员工的收入下降，同时也会降低你在上司心中的地位。

散财聚人，能成事

让每个人都在物质上有收益，把人际关系理得顺顺当当，从而让自己的事业兴旺起来，这是“千金散去还复来”的智慧和勇气。可以说，善于“散财”，不一味“聚财”，不但会成就你的事业，也会成就你个人的声望。

他们的职场 >>>

据说某乳业公司的总裁当初刚入乳业公司的时候，只是一名普通的工人，还是一个不懂得节俭的工人。他总是拿出自己的工资不是帮助这个，就是资助那个，虽然自己也不富裕，但是看到同事有困难，依然毫不犹豫地伸出手帮忙，借出的钱也不催，常常一去不返。可是散财不但没有让他更加贫困，相反他在公司的人缘越来越好，地位越来越高，以至后来他离开公司时，很多人愿意跟随他开创新事业，在他身边凝聚了一支忠诚上进的团队。

此人看似挥霍的散财，却得到一帮朋友的帮助，大家都觉得他大气，不计较，能成大事，朋友们都愿意帮他。而且吃人嘴软，得到他好处的

人都会觉得欠他一个人情，这样当他需要帮助的时候，必然会有很多朋友还他人情，这就是散财聚人的道理。

人是所有企业赖以存在的最基本元素。中国古代有句俗语："天时，地利，人和"，其中以"人和"最为重要，如果身边的朋友齐心协力他帮助你成功，焉有不成之理？人气的聚集，需要你的不节俭，需要你的散财。

你的职场 >>

最大限度地发掘企业的人力资源，最大限度地发挥企业员工的才能是每个老板的愿望，而能否做到又是企业是否能够欣欣向荣的关键。

那么，如何才能有效地激发人这种最宝贵的资源呢？有些老板非常的节俭，希望员工努力工作没错，但是他们过于苛刻，付出1元，希望员工创造100元甚至更多的财富，对于这样一毛不拔的上司，员工可能会能应付则应付。成功的管理者，不仅要给员工足够大的施展空间和平台，还要有相应的激励措施，对于大多数员工，金钱方面的激励让他们感觉更实惠。即使再有抱负，再想干事的人，也是凡人，凡人就有物质方面的要求。

中国传统的儒商讲究"以德为本，以义为先，以义致利"，这其中追求的正是一种"以和为贵，散财聚人"的境界。很多人都不懂得充分地利用手中优越的物质条件，去换取广大下属的拥护，总是抱财守缺，往往适得其反。

懂得为企业节约的员工升得快

节俭并非一无是处，上面的悖论只是在经济学背景下推理得出的，具有其特殊性。而在日常生活中，我们仍要提倡适度节俭、反对浪费，在职场中也是如此。

随着企业间的竞争日益激烈，产品供大于求的现象日益突出。人才的不断流动，技术的同质化让企业很难再利用自己的专有技术赚取高额利润，这样的情况下企业要想保住自己现有的市场份额，就不得不采取降价的方式与同行竞争，这样企业的利润空间变小，控制成本成为每一个企业的必然选择。在市场经济激烈竞争的今天，节俭成为企业用来考察员工的一项重要指标，任何一个老板都喜欢为公司节约的员工。所以，作为一名员工，要想得到老板的信赖和重用，就必须踏踏实实地工作，处处为企业着想，想着办法为企业节省。

他们的职场 >>>

小刚是一家汽车制造厂的技术工人，他的工作是负责焊接汽车底盘的零部件。整个车间都是流水作业，汽车底盘由传送带自动传输，每次在小刚这里会停留 4 分钟，他必须在这点时间内用 6 根焊条焊完所有的零部件。然而小刚认为在他的这道工序上还有改进的余地，于是他每天观察生产流水线，计算用焊条的方式，并且天天都在思考改进的办法。

后来他想到：如果能够将焊接点击次数减少，就能节省焊条。于是，他利用业余时间认真研究，终于找到了一种比原来少点击 6 次的焊接方法。这样算来，如果每个汽车底盘焊点少点击 6 次，一天下来可节约 280 根焊条。他将自己的想法告诉了车间主任，主任就组织全车间进行试验，结果在减少点击 6 次焊点的情况下，产品的质量仍然是合格的。车间主任将这一发明报给了上级主管部门，上级非常满意小刚的发明，更对他为公司着想的态度给予了嘉奖，在车间主任退休后，小刚被提拔为主任。

像小刚这样一心一意为企业着想的员工，自然也是能为企业赚钱的好员工，只有这种具备节俭意识处处维护企业的利益的员工，才是领导最欣赏、最愿意提拔的员工。其实每一位员工在职场中都应该树立节俭意识，养成为单位节约每一分钱的习惯，其实为单位节省就是为单位赚钱。单位无论大小，是公是私，使用公物都要节俭，在不影响工作效率的前提下，能节省尽量节省，不该浪费的一块钱也不能浪费。

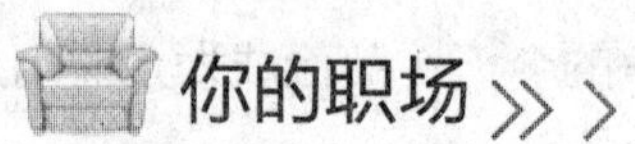

你的职场

身处职场的员工要想升得快，就必须站在企业的角度，处处为企业着想，事事为老板和单位省钱。会为单位省钱的员工本身就是一笔财富，这样的员工走到哪里，都会得到上级领导的青睐，当然升得也就快了。下面是些你可能没注意到的节俭小细节。

首先，双面打印。双面打印不仅节省纸张，而且更便于翻阅和携带。还有，这种方式不仅可以体现你的节俭态度，更能体现绿色环保的生活理念，给人一种有责任心的印象。

第二，外出办事前将所有的费用精细化，再上报给你的上级。尽量不使用“大概”“可能”这样的词语汇报任何与钱有关的工作。和估算出的大概数据相比，精确的预算会给上级用心节俭，为公司节省的印象。

第三，与同事合用办公用品。单位的办公用品不要想着反正是公家的，随便拿回家，这样的小动作，时间长了你的上司一定会知道。尽量少浪费办公用品，和能与同事合用的办公用品就尽量合用同样，时间久了老板也看得到你的节省。

5 纳什均衡危机

——在竞争中实现共赢

纳什均衡是指假设多个局中人参与博弈，给定其他人策略的条件下，每个局中人选择自己的最优策略，从而使自己利益最大化，所有人的最优策略构成了一个策略组合，这个组合就是纳什均衡。在其他人策略不变的情况下，没有人有足够理由打破这种均衡。

这种博弈模式与传统意义上的“零和博弈”不同，后者参与双方的最终结果为零，所以是一方赢另一方必然输的状态。而在纳什均衡中，所有的参与者都选择了相对有利的策略。然而这种均衡状态并不意味着必然的共赢。在不断发展变化的条件下，如果其他参与者不改变策略，其中一方是很难通过自己的调整改善状况的。这个时候，就需要双方或多方进行谈判，共同改变策略，改变当前利益格局，以改善各自状况，否则面临的可能是两败俱伤。

这一理论同样可以应用到职场。职场中有合作，也同样有竞争有博弈。团队中也可能出现这样的纳什均衡模式，但是一旦条件变得不利，那么要改变这种状态，同样需要竞争各方进行协商，共同做出改变。

小文和艳丽一起在杂志社做编辑，她们被分配到一起负责一本杂志，

一个负责教育心理版块，另一个负责健康和其他版块，所有的栏目都是两个人独立策划、做选题，极少沟通。虽然小文的选题很新颖，艳丽网罗的作者很多，但是常常小文的选题找不到合适的作者写，艳丽缺乏有意义的选题，如果二人能够合作，贡献出各自的资源，将会极大改善现状。然而虽经多番调解，二人依然将自己的资源牢牢地握在手中，各自的优势得不到发挥，为此主编很是为杂志的前景发愁。

在职场中，双方都不肯积极沟通，各做各的，就会像小文和艳丽一样，小文担心自己的选题给了艳丽，艳丽通过作者写出好文章，那么自己在主编眼中必然会被同事艳丽比下去；同样艳丽也认为如果将自己的作者介绍给小文，那么小文的优势就会凸显出来。可是如果双方经过协商，小文将自己的选题分一部分给艳丽，艳丽选择一些作者推荐给小文，那么两个人的业绩都会得升，杂志的质量也会上升，市场前景更为乐观，获得收益的当然是两个人。竞争双方选择共同改变策略，优势互补，就能形成新的“纳什均衡”。

职场中往往是需要其中的一方做出一点小小的让步或牺牲，这样另外一方才会做出让步，两个人都让步了才能保全双方利益的最大值。

目光放远，寻找双赢的契合点

在纳什均衡中，尽管双方都觉得做出了对自己最有利的选择，但最后形成的结果对双方来说并不是最好的，这就容易引发各种矛盾，也解释了为什么职场中不如意者十有八九。在职场中，无论是个人、群体之间，还是企业之间，由于观点、立场、利益诉求不同，都处在博弈之中，需要不断地权衡利弊，调整自己的决定和策略，以达到利益最大化。对他们来说，要不断做出改变以适应不断变化的形势，合作中也可能存在竞争，竞争对手间也可能达成妥协。那么个人与公司之间，个人利益与公司利益之间，从某种程度上来说，也处在博弈之中，在处理二者关系的时候，是完全服从个人利益？还是牺牲个人利益照顾公司利益？抑或是二者兼顾，寻求一个平衡？

他们的职场 >>>

于彪是一家服装厂的资深员工，手底下带着一个二十多人的团队，一直以来于彪很看重为自己的团队争取利益。这天快下班的时候，上级主管突然来到于彪的车间，通知大家有一批紧急任务，需要当晚连夜赶制出来。于彪听后没说什么，从抽屉中拿出一份加班证明递给了主管，主管有些为难地对于彪说，老板出差了，今天的事情也是突发，没来得及和老板汇报，只能等老板明天回来后再签字。主管保证这次的加班费一定按标准支付。但是于彪并没有立即开工，他有自己的考虑，没有书面证明，万一老板事后不认账，自己怎么跟手下二十多个人交代？但是如果不加班赶制这批货，就可能给工厂带来损失，自己和兄弟们也不会好过，还有可能因为耽误了生意而受到惩罚，甚至可能会被开除。想到这儿，于彪决定还是先服从企业利益，暂时搁置自己的顾虑。

第二天，那批货按时按量交了上去，解决了工厂的燃眉之急。主管因为遇到突发任务解决妥当而受到嘉奖，于彪和他的团队除了获得三倍于工资的加班费，还得到了额外的奖金。

这种双赢是适时适当向职场妥协、让步的结果，有时候服从企业利益，可能会损失自己的个人利益，但这种损失往往只是暂时的。在难以达到双方利益最大化的时候，缩减自己的利益需求，先满足企业利益，不见得就真的会损害自己利益所得。正如故事中的于彪，虽然加班是份外之事，还要冒着老板不认账的风险，但他经过自己的分析，还是选择先服从企业利益，再从企业获得的利益中获取团队和个人的利益。

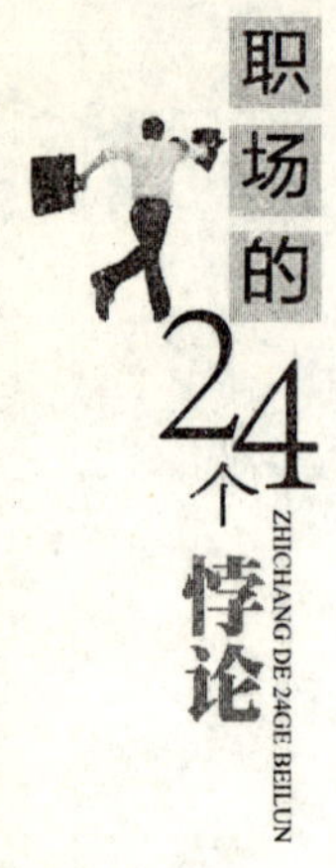

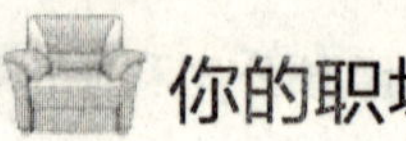

你的职场 >>>

“纳什均衡”是一种非合作博弈均衡，就是在人们不能提前协商，不能坦陈自己的想法的情况下，选择假设别人和自己一样渴望拥有同一件东西，这个时候如何实现利益均衡的问题。那么在职场中，你与身边的同事、上司在难以坦诚相对的情况下如何实现双赢呢？

首先，只要对方没有明显的恶意，合作是最有利于双方利益最大化的策略。但是，在不清楚对方的合作意图的情况下，在合作过程中一定的保留还是必要的。在此基础上，要分析合作双方有没有优势互补的地方，通过合作进而取长补短，共同完成任务，从而达到双赢的目的。

其次，倘若你和身边的同事、领导脾气性格不和，或者利益诉求不同，难以合作，那么可以采取敬而远之、公事公办的态度，尽可能远离不利因素。“敬”是指善意地、客客气气地对待身边的人，即便脾气秉性不合，利益诉求不同，但是只要心存一个“敬”字，就能化解许多不利因素；“远之”表明与许多人的交往只能淡如水，道不同不相为谋，既然心存顾虑，就淡而远之，这样能避免许多麻烦；“公事公办”就意味着，倘若你在职场中不能与身边的同事成为合作伙伴，不能取得领导的特别赏识，对你最有利的方式就是不卑不亢地、有原则地做好自己的工作。

最后，将目光放长远，在博弈高手眼中，当下的每一步都是在为未来做铺垫。要分得清眼前利益与长远利益，个人利益与企业利益的关系，要抓得住问题的实质。如果放下眼前的个人利益能够换来更大的企业利益，而企业利益能够提供给你长远发展的机会，那么这种牺牲实际上最终达到的是企业和个人的双赢。

找个优秀的对手做自己的 Partner

“纳什均衡危机”证明，与其找个互相不信任的搭档，不如找个优秀的对手做自己的搭档。这样不仅能够互相激励，还可在遇危机时理性判断，共同协商。

他们的职场

在职场竞争中，员工一方面要不怕强者，不怕嫉妒，敢于争强，力求争先：另一方面，还需要善于同他人协作、互助，增长群体情感和合作精神。然而，选一个什么样的人或团队来合作，往往能够决定合作的最终结果。当合作者之间出现不信任不配合，甚至为一己之利私自改变计划，就可能导致合作失败，两败俱伤，而这时找一个能够相互制约相互激励的对手做搭档，就可能收获意想不到的结果。

海湾战争之后，美国军方研制出一种新型坦克——M1A2 型坦克，它可以抵抗时速超过 4500 公里、单位破坏力量超过 13500 公斤的打击力量，成为坦克中的名星。

这种 M1A2 型坦克是如何研制出来的呢？它的诞生是两个优秀对手合作的产物，他们是乔治·巴顿中校和工程师迈克·马茨。乔治·巴顿中校是美国陆军最优秀的坦克防护装甲专家之一，他接受研制 M1A2 坦克装甲的任务后，立即找来了一位优秀的对手做合作伙伴——毕业于麻省理工学院的著名破坏专家迈克·马茨工程师。两个人各带一个研究小组开始工作，巴顿带的是研制小组，负责研制防护装甲；而马茨带的则是破坏小组，专门负责摧毁巴顿已研制出来的防护装甲。

刚开始的时候，马茨总是能不费吹灰之力就将巴顿开进试验场地的坦克炸毁。但随着时间的推移，巴顿一次次地更换新材料，修改设计方案，终于有一天，马茨无论想出什么办法也没有达到目的，于是世界上最坚固的坦克之一在“破坏”与“反破坏”试验后诞生了，巴顿与马茨这两个技术上的对手也因此同时获得了紫心勋章。

巴顿事后说：“尽可能地找出问题，是为了更好地解决问题，事实上，问题并不是最可怕的，最可怕的是不知道问题出在哪儿，于是我找了马茨做搭档，因为马茨是最棒的‘找问题专家’，也是我最欣赏的对手。”

巴顿与马茨这对对手的合作称得上是珠联璧合，不管你是干大事业也好，做小买卖也罢，找个优秀的对手做搭档，会取得意想不到的效果。

你的职场 >>>

竞争本质上是一种竞赛，既要有求胜、成功的强烈愿望，又要搞好协作、协调，以正当的手段和方式进行竞争，利于共同进步和共同发展。

第一，从竞争对手身上学习。有人说竞争对手好比是你的镜子，从中能够看到自己的不足。孙子有云，知己知彼，百战不殆。真正想做好职场人士就要学会分析竞争对手。可以从两个方面分析竞争对手，一方面是职场技能，看看竞争对手是不是在职场中掌握了别人所没有的技能，如果有，你就可以好好学习他的技能，甚至不惜低头请教，这是职场生存的硬件；另一方面要学习竞争对手的职场软件，也就是职场中的人际交往、应对上司的技巧和人脉关系的搭建等柔性技能。

第二，和竞争对手优势互补。就像上面的故事所讲，一个研制防护装甲坦克，一个专门破坏，只有二者的结合才能研制出最牢固的装甲坦克。职场中也是如此，善于公关者如果与技术能手联合，那么既能弥补技术能手不善推广自己技能的缺点，又能防止公关者陷入光说不练的境地，失去说服力。与其担心公关者卖出更多的产品抢了自己的风头，不如与他合作，为他研发出更新的产品，让公关者把自己的新产品推广出去，总比辛辛苦苦研发的产品无人问津强；同样，如果没有新产品的支撑，公关者口才再好，人脉再广，再强的风头也不能维持太久，也会让人慢慢失去兴趣。

第三，把对手变成朋友。职场中，竞争的双方被放在了天平的两端，互相依存互相验证对方的价值。一旦失去对手，天平就会失衡，而自身的价值也就失掉了凭据。虽然职场中竞争对手会带来挑战，也许会让你一时难以应对，但还是需要找一个势均力敌并能切磋共进的人，在竞争中共同得到提高。而且，竞争并不一定都是零和博弈，更多的是多方各有优势策略的纳升均衡。展开胸襟，拥抱对手，才能把对手变成朋友，为自己的职场赢得双份的成功。

6 环保悖论

——职场出现危机，是离开还是想办法改善？

职场有时候和生态环境一样，如果职场环境出现危机，应该怎么办？是想办法解决危机还是另外寻找适合自己的环境？如果能够通过自己的努力解决危机，改善职场的环境，那么很多人会选择去努力改善，可是很多时候，人们发现职场危机后，想通过自己的努力去改善，却是越改善越有危机，就像人类的环境，虽然想尽各种办法去改善，最后还是不断地恶化。

环境保护长久以来一直是世界各国的热门话题。关于环保，也有一个悖论。在一些出现污染的地方，人们采取措施进行治理，然而经过一系列的努力，污染不但没有解决，反而变得更加严重：一是在治理过程中采取的生化措施产生了副作用，治理同时产生了新的污染；二是治理人员大规模介入，在其长期留驻的地方原生环境被破坏，本来脆弱的平衡变得更为不堪一击；三是治理过程中需要的物力支持在生产过程中同样会带来污染，此地得到治理的同时，物资生产地被污染。这三种情况就导致了边治理边污染，拆东墙补西墙的恶性循环。那么面对这种情况，是采取措施并承担其副作用，还是放任不管，节省治理成本避免二次污染？这就是环保悖论。

进入职场后，你想和每个人都搞好关系，于是身心疲惫地应酬着每个人，可是职场中又存在着观念立场不同的小团体，你不可能满足每个小团体的需求，渐渐地人们会觉得你没有自己的立场和主导观念，有人开始疏远你。还有些人过于急功近利不顾一切他想办法获得上司的认可，想尽一切办法寻找挣更多钱的机会，结果遭遇同事的白眼，遭遇上司的不屑，最后升迁的机会渺茫，挣钱的机会更是难寻，越努力离自己的目标越远。

远离压力侵蚀，保持原生态

很多时候，越忙越乱，越想补救越出疏漏的情况，是因为心态过于浮躁，过于急切地想要摆脱困境、弥补损失，反而看不清问题的症结所在，抓不住根本或没有经过严密的思考就采取措施，导致实施过程中产生新的问题，问题越积越多，就像多米诺骨牌一样，一发而不可收拾。激烈的竞争与压力是导致职场中人们过于浮躁的直接原因。竞争促使优化，优化意味着给个人更多的要求，导致人们更为追求效率和捷径，自然形成更大压力。

他们的职场 >>>

“最近，我总是感觉头晕脑胀，满脑子装的都是工作，不想吃饭，还经常失眠，好不容易睡着了，梦里全是工作，早上醒来疲惫不堪……”这是在一家高科技公司工作的王先生近来的状态。通常，他一上班就进入紧张的工作当中，晚上经常要将未完成的工作带回家，周末还要参加各种各样的学习班充电，生怕适应不了工作而被淘汰，整天就像拉满了的弓，紧绷绷的。在职场中，有很多员工像王先生一样，生怕职场中会出现什么意外：自己学的知识落后了、人际关系出现了问题、迟迟不能

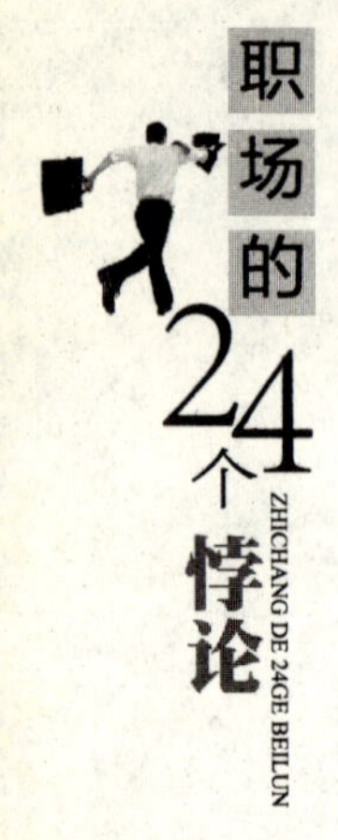

升迁、上司对自己不满意等等。可是真的出现意外之后，想通过各种办法改变这一状况，结果反而越来越糟糕：拼命学习，却发现学习的速度跟不上科技更新的速度；想和身边的人多多沟通，缓解人际紧张，结果发现越沟通，别人越是疏远自己；常常将工作带回家，拼命加班，结果还是升不上去；看了很多与上司交往的技巧方面的书，结果实行起来不那么灵。总之，不知道为什么越是努力改变职场中出现的意外，情况变得越是糟糕。

浮躁是现代职场中人们的一种普遍心理现象，浮躁让人们越发急近功利，也越发的敏感，一点小问题就会浮想联翩，哪怕上司一个不满的眼神，也会觉得领导对自己失望了，不再会有升迁的机会了。

在这个瞬息万变的物质世界中，对自己失去准确定位的时候，就会随波逐流、盲目行动，职场就会越改善，越出问题。所以需要对自己的未来有明确的定位，把握前进的方向。

现代人的过度攀比也是产生浮躁心理的一个重要原因。通过攀比，本来没有危机的职场，就会在有些人眼里变得危机重重，于是开始对自己的职场状态不满，跳槽想法油然而生。

你的职场 >>>

那么，怎样才能克服浮躁心理呢？

第一，不要急于求成，让理想脱离现实。职场中人有理想、有追求、有斗志固然好，对成功的追求与渴求也是正常的，但必须把心态调整好，不要急于求成，不要幻想在短时间内各方面都做到最优秀。急于求成的心态往往会让你与成功失之交臂。

第二，脚踏实地，有务实精神。克服浮躁需要人们在考虑问题时从实际出发，不跟着感觉走。所谓务实就是“实事求是，不自以为是”，这也是职场取得好的工作成绩的基础。

第三，做好自己，顺其自然。如果事事唯结果，那么在职场中显得过于功利，时间长了，必然同事关系、上司关系出现危机，与其这样，不如做好自己，低头做事，不求结果。如果你在职场中做好自己，该帮助同事的时候去帮助，又不求同事回报；对上司做好下属的本分，尽职尽责，帮助上司排忧解难；对企业做好一个员工的本分，积极想办法为企业创造利润，也许在这个过程中，职场危机迎刃而解。

左右逢源化解职场危机

职场中左右逢源的员工，不但能够得到上司的欣赏，而且能够帮助自己化解职场危机。左右逢源的员工，通常会被认为“会办事”。当同事与同事之间、下属与上级领导之间有了矛盾，身为主管或行政部门的领导如何断定是非，分清黑白？既不可袖手旁观，又不能深陷其中。保持中立，淡化事态则是你左右逢源的最佳选择。

他们的职场

某部上将到基层团队检查工作，这个团队虽然地处偏僻落后的山沟，但官兵们自筹经费，组建了“文化活动特色队”，还自编自导自演了一场主旋律文艺晚会。团领导决定利用这次机会把自己团队的文化建设向上级汇报一下。

当时宣传股一名文化干事同时负责“文化活动特色队”的组织排练和文艺晚会的彩排。由于工作安排发生了“撞车”，而且“文化特色队”暂时“没人组织”，上级严厉批评了政治处主任。受到批评的主任则把刚刚组织完文艺晚会彩排的文化干事劈头盖脸一顿猛批。

年轻的文化干事心里受了委屈，一气之下“撂”了“挑子”。

眼看着总部即将前来观看表演，这边文化干事又撂挑子，政治处主

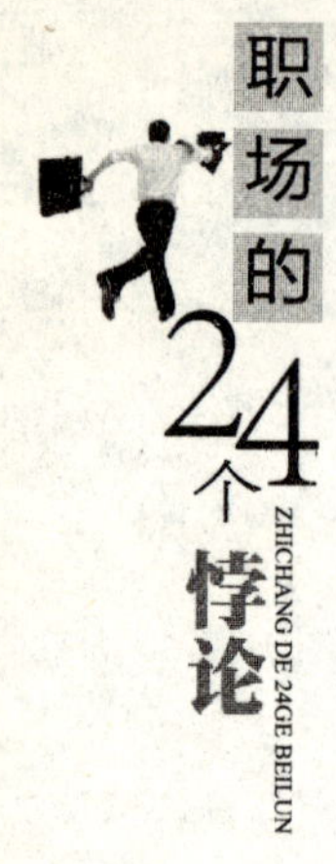

任也非常着急，碍于面子又不好找文化干事。

宣传股长面对上级领导和下属的冲突，决定迅速处理。他先找到文化干事，指出主任骂人的不对，又批评了文化干事不应该当面顶撞上司，伤了领导的自尊和权威。批评完以后，又劝他以大局为重，先把这两项工作干好，等检查完再找主任好好谈谈，解开心中的疙瘩。一席话说得文化干事心服口服，立刻投入到“文化活动特色队”的组织排练工作中。

最后演出成功，某部上将对该团的文化建设评价很高。宣传股长又适时地找主任长谈一次，圆满地解决了自己下属与上司的矛盾冲突。

宣传股长面对上司和下属的矛盾，既没有维护下属顶撞上级，也没有抱怨上级安慰下属，而是采取先讲明工作的必要性，让下属以工作为重，在工作顺利完成后，趁上司心情比较好的时候，又与上司及时沟通，让上司明白文化干事工作的不易，圆满化解了上司和下属的矛盾，也没有表现出丝毫夹缝中左右为难的样子。职场中左右逢源地处理冲突和问题，不会让问题的双方留下阴影，还能更好地开展工作。

你的职场 >>>

遭遇职场危机可以试试通过左右逢源的办法来应对：

首气，换位思考。换位思考是职场中左右逢源的根本，所以在职场中要时时想到他人，多站在对方的立场想问题，尽量不要把自己的意志强加于人，并且尽量满足他人的合理需要，尽量去理解别人，还需要积极主动地适应对方，充分给别人保留面子。

第二，能屈能伸。在职场中做事，有用刚取胜的，也有用强取胜的；有用柔取胜的，也有用弱取胜的。只有做到刚柔并济，能屈能伸，方能在职场中游刃有余。

7 刺猬悖论

——职场中的最佳距离

在寒风瑟瑟的冬日里，有两只困倦的刺猬想要相拥取暖。无奈的是双方身上都有刺，相拥太近，就会刺伤对方，离得太远又达不到取暖的效果。两只刺猬无论怎么调整睡姿也睡得不安稳。它们就分开了一定的距离。但冷得受不了，于是又凑到了一起。几翻折腾，两只刺猬终于通过自己的努力找到了一个合适的距离，又能互相取暖，又不至于刺到对方，于是舒服地睡着了。

在职场中同样存在这样的悖论，如果与同事相处太近，关系太过密切就有可能相互伤害，距离太远又会彼此生疏而不利于两个人在职场的发展。职场中的伙伴，就如同需要相互取暖的两只刺猬，既要能够相互协作，取得自己想要的利益，又要不伤害到对方。

通常情况下，一个人与他人的距离是与人的喜好和性格相关的。性情相投的人比互相讨厌的人离得更近些，关系要好的人比一般熟人靠得更近些。同样情况下，性格内向的人比性格外向的人与他人保持的距离更远，异性之间比同性相距远一些，女性之间比男性挨得更近些。

但是在职场中，却不能依据自己的喜好来决定自己与其他人的距离。与同事过分亲密，是对领导者的挑战，因为每个领导都希望自己是这个团队的核心，如果某些人在自己的团队中间再搞小团队，会使领导觉得受到威胁，从而对这种人产生反感。身为职员，不仅要注意不搞小团体主义，也要注意与异性的接触距离。虽然说“男女搭配，干活不累”，但是在与异性一起工作时，还是要做到自尊、自爱，既不可太过亲密，也不可爱搭不理，更不能发展办公室恋情，这些都不利于你在职场中的发展。

如果是作为领导或上司，更是要注意管理者与被管理者之间的距离。“疏者密之，密者疏之”，这才是一个优秀的管理者应该遵循的法则。领导想要搞好工作必然要与下属保持亲密的关系，这样容易和下属打成一片并且赢得尊重，下属在工作时也愿意服从领导的安排，多替领导考虑。但如果领导与下属过于亲密，完全没有了上司的威严，则会在管理的过程中会出现下属不把上司当回事，很多工作难以开展。如果上司与某一下属关系密切，一方面会引起其他职员的不满，另一方面对自己的声誉也有不好的影响，做的任何决定会让别的下属认为你有所偏袒。

公司集体聚餐是联络感情的绝佳机会，需要你与同事多亲近，搞好关系。但很多人在饭桌上没有在办公室里那么注意自己的形象和说话做事的分寸。再加上喝点小酒，人往往就控制不住自己，说话随意、放肆、没有距离感，说不定哪句话就伤了别人的心或者泄露了你的小秘密，适得其反。

作为普通职员，与领导的关系也并不是越亲近越好，很多职场谋略的书都会教人们如何与领导或上司打造亲密的关系，殊不知过于亲密的关系危害很大。首先，领导之间不见得关系融洽，多有面和心不合之嫌，与自己的顶头上司过于亲近，必然会得罪那些与顶头上司不和的领导；再者，与领导过亲密，必然会涉及领导的隐私，招致疑忌；最后，与领导过于亲近，必然会招致其他同事的不满。所以，与领导的关系也不是越近越好，以相处融洽为宜，既不可过于疏远让领导觉得你清高，不好管理，也不可过于亲近。

亲密无间会“刺伤”对方

他们的职场 >>>

小曹一直认为，只要跟自己的上司魏局长搞好关系，自己升职指日可待，所以他不仅在单位向上司汇报大事小情，还有事没事就去局长办公室献殷勤。后来他还渐渐将自己的策略转移到局长的家中，常常义务当局长女儿的司机，送她去上学，一到过年过节就往局长家跑，跟局长的家人都混了个脸熟。

小曹和上司的关系让很多同事羡慕，但还有一些同事对此十分不满，他们都认为小曹趋炎附势，于是渐渐疏远了他。小曹觉得失去同事没关系，只要和领导搞好关系，他的职场就会顺风顺水。自己有朝一日升迁了，同事们还是照样围着自己转。

然而，局长一开始对他的殷勤态度表现得客客气气，但是随着小曹深入到局长家里，逐渐了解了局长家人的情况，并且跟局长女儿的关系日渐亲密，他发现局长对他的态度开始改变。局长开始找各种理由婉拒他的登门拜访，也不再需要他接送女儿，节日他送的礼品也被退了回来，局长家人也对他产生了戒备之心，对他没有了从前的热情。他想不明白自己哪里冒犯了局长，导致了局长的疏远。终于有一天，他忍不住去找局长，想要弥补过错，虽然自己并不知道错在那里。局长却告诉他，他并没有犯错，只是上下级之间不宜过于亲密，还是要尽量避嫌。于是，小曹之前的打算全部落空，跟同事也疏远了，在单位成了孤家寡人。

小曹到最后也没明白自己错在哪里，其实，他错在不该把主意打到

上司身上。职场中人际关系的确很重要，好的人际关系可以成为工作中的润滑剂。但是，想要升职加薪，最根本还是要靠实力和努力，拉关系讨好上司这条路从一开始就走错了。这也解释了为什么当看到他跟上司拉关系以后，很多同事都疏远了他。

想与领导保持较好的工作关系，本来无可厚非，这也是职场中大多数人的想法，也是顺利游走职场的必然要素。但是小曹不懂得把握距离，想要将工作关系拉近成私人关系，这种“入侵”这必然会触及上司的隐私，让他觉得不舒服，甚至没有安全感，产生戒备心，于是主动拉远距离。其实，与任何人交往都要找到合适的距离，太近会让人觉得你入侵了他的私人领地，太远又会让人觉得受到冷落，故而需要不远不近，恰到好处。

你的职场 >>>

职场中如何与同事、领导保持亲切而留有余地的关系是一门学问，过于疏远会阻碍工作中的交流与合作，然而过于亲密会让人在处事时难以保持公事公办的态度，顾虑重重，既怕得罪这个，又怕遗漏那个，最终亲密的关系成为开展工作的阻碍。以下几种策略或许能够为你在处理职场关系上提供一些借鉴。

第一，把职场与私人生活分开。人们都喜欢生活在温情脉脉的环境中，希望单位像“家”一样温馨，同事之间像兄弟姐妹一样亲密无间。实际上，企业与员工是利益关系，员工与员工之间是竞争与协作关系。企业就是企业，它所给你的一切，都是因为你能够为它做出贡献。职场中不需要也不允许有亲密无间，否则就会破坏人际关系的平衡，这种多方关系就像天平，一边加重另一边必然会变轻。应该以一种理性的心态看待职场中人与人之间的关系，私下里的好友一旦到了职场中，就只能是工作关系。同样，职场中的关系要避免牵扯到私人关系中去，一旦二者相互渗透，就容易使简单的问题变得复杂，难以理清。

第二，待人亲切而有度。职场中，上下级和同事之间虽然不能做到如亲友一样亲密，但却可以共同营造亲切友好的工作氛围。过于疏淡的人际关系会让人难以放松，紧张的情绪会加重工作带来的负担，容易让人觉得疲劳和烦躁。而在相对自由放松的环境中，人的工作热情和灵感更容易被激发，工作起来更加顺利，更有效率。这种氛围需要大家共同努力营造，比如见面问声好，举手之劳互相帮忙，对别人的困难表达关怀等等。但亲切的同时需要把握好度，不要轻易越线。让亲切演变成亲密在职场是危险行为，过多情感因素容易成为开展工作的负担和障碍。

第三，尊重他人的私人空间。任何好的关系都是建立在互相尊重的基础之上，包括尊重他人的私人空间，不窥探他人的隐私，不传播道听途说的流言蜚语等等。这样的尊重会为自己树立可信任的形象，领导会觉得你踏实可靠，一些重要的事情可以放心交给你办；同事和朋友会觉得你值得信赖，不搬弄是非，更愿意同你交流与合作。

在两只刺猬之间抹点润滑剂

职场之中，人和人有时候就像寒冬中两只刺猬，把握不好其中的度，就可能伤害自己刺伤他人。

他们的职场 >>>

通用电气公司的前总裁斯通，在工作场合和待遇问题上，从不吝啬对公司管理人员的关爱，但在业余时间，也从不邀请管理人员到家做客，更不会接受他们的邀请。正是这种保持适度距离的管理，给中高层管理人员做出了很好的表率。斯通在位期间，从未出现过人情录用员工，

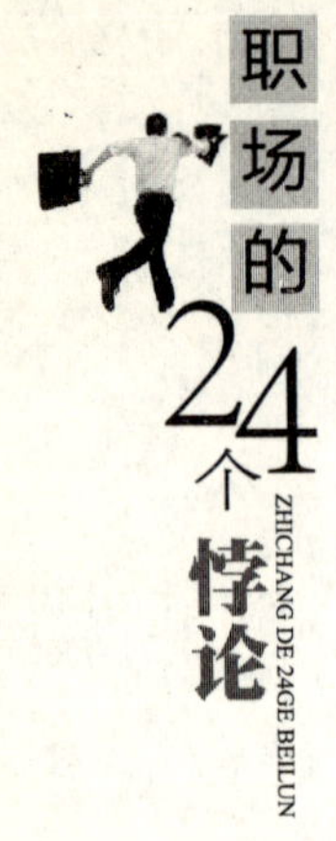

或者人情提拔的现象，公事公办的管理风格让通用的各项业务能够芝麻开花节节高。

有的时候职场中会因为个人的角度不同，观念差异而存在一定的误会，这个时候需要一些技巧作为润滑油来减少两只刺猬的摩擦。

张力和刘御分别是一家民办高校的教学秘书和教务员。这天因为统计教师工作量，张力十分繁忙；可是刘御却因为要统计上一学期的学分，需要张力帮忙核对。张力头都没有抬，就说："没看见我正忙着！"刘御心中有些不快，就说："我又没说让你今天核对，我只是发给你，你明天核对也行呀！"张力有些不耐烦："知道了！放着不就行了！"刘御气哼哼地将统计表往桌子上一摔，就走了出去。

其实两人之前一直关系不错，但是因为这件事，心中都有些不快，又觉得是小事不值得沟通，没有谈开，此后两个人关系越来越疏远。

职场中这样的事情也许每天都会上演，因为各种各样的原因，原本亲近的关系会渐渐疏远，甚至反目成仇。如果刘御理解张力的忙碌，就不会计较他的态度；同样，如果张力好好地回应一句，就不会发生后面的事情。职场中一句恰当的话语、一封歉意的 e-mail 就能成为润滑剂，调和职场的小冲突，缓解紧张的人际关系。

你的职场 >> >

下面是可以充当人际关系润滑剂的方法。

第一，放下委屈，主动化解。职场出现冲突后，不要急着为自己辩解，也不要以为自己总是正确的、有道理的。心中怀有委屈情绪的人，必定不愿事后开口向对方作解释，这种心理会妨碍彼此间的交流。此时，多替对方着想，无论他是气量小也好，心眼窄也好，不了解真相也好，不解你的一番苦心也好，都不必去计较，只要你真诚地向他表明心迹，那么，冲突便会消失。

第二，查清原因，化解冲突。产生冲突的时候，一方怒气冲冲，充满怨恨、敌视，如果一方满腔委屈压抑，隐忍不说，双方的隔阂会越陷越深，更多的冲突和矛盾将会接憧而至。

所以，发生冲突时除了需要冷静之外，还必须下一番功夫调查清楚冲突产生的原因，搞清楚对方的误解源才能对症下药。

第三，行动是最好的证明。职场中有时产生冲突用语言解释不清，那么就用行动去证实。如同事或上司误解你有办公室恋情，你又说不清楚，那么，你只要让爱人来单位给自己送东西，误解也就自然消失丁。还有，在职场中人缘比较好的人，一般要求得到他人格外的尊重和赞扬。如果你毫无顾忌地对他批评、指责，便会被人误认为怀有嫉妒之心。此时，你的唯一对策是，在今后的工作中，虚心向其求教，多肯定人家的长处，更不与他争荣誉、争地位，在他被人背后攻击诽谤时站出来替他说几句公道话，这时人们对你之前的误会便可烟消云散。

第四，克服胆怯心理，当面说清。职场误会的类型多种多样，但解决的最简捷、最直接的方法便是去面对，当着当事人的面说清楚，大多数人也都欢迎这种方法。有人由于懦弱，不敢当面对质，结果把问题搞得更为复杂。如果有的误会需要亲自向对方作说明，一定不要找各种借口推脱，要尽量克服困难，想方设法当面表明心迹。不要轻信第三者的片言只语。

第五，请领导、同事帮忙。职场中的误会常常是在工作中产生的，双方的误解涉及许多因素。个人解决可能会受到限制，毕竟当局者迷。不如请上司或者与冲突双方关系都不错的同事帮忙调解，效果也不错。

8 皮格马利翁效应

——执着于内心的追求，梦想能否成真？

希腊神话中，皮格马利翁是塞浦路斯国王，也是一位优秀的雕刻家。他施展才华雕了一具美女像，他将大部分的时间都用在那具雕像上，雕像在他手下一天比一天更加完美，世界上没有一个女人、没有一座雕像能比得上“她”。等到雕像完美无缺的时候，皮格马利翁竟然爱上自己的作品，爱得很深、很投入。这具雕像看起来也是那么栩栩如生，看过的人都难以想象它是用石头制成的。这位年轻的国王就这样爱上了自己的雕像，他每天守在雕像身边，像对待自己的爱人一样陪伴她，装扮她。

这种爱打动了爱神维纳斯，在塞浦路斯国情人节那天，她将雕塑变成了真正的少女。最后，这位少女成了皮格马利翁的妻子，他为她取名葛拉蒂，他们的儿子叫巴佛斯。

人们从皮格马利翁的故事中总结出了“皮格马利翁效应”，并对这一效应进行延伸，广泛应用于管理和教育等社会生活的各个领域。“皮格玛利翁效应”带给人们这样一个启示：发自内心的赞美、信任和正面期待具有一种能量，它能影响人的行为，带来使梦想成真的神奇动力。从心理学角度，无论一个人获得的正面期待来自自我还是他人，都能够起到增强自我肯定的效果，获得一种朝着期待结果发展的前进动力，在不知不觉中达到目标。因而，皮格马利翁效应又叫“期待效应”。

皮格马利翁效应同样适用于职场。尤其在当下，很多人已经遗忘了“信任”、“期待”和“赞美”，有的只是猜忌、责难和心机。员工犯了错，只有责骂，没有鼓励，老板动辄就用炒鱿鱼来威胁和“激励”员工。还有些管理者，通过残酷的业绩排名来淘汰那些排名末尾的员工。他们对工作一时不理想的员工，往往不是给予鼓励和耐心的帮助，而是讽刺、挖苦，并且总是用一种老眼光和轻视的态度冷落他们，使他们的自尊心和自信心受到伤害，感到心灰意冷、气馁自卑，甚至选择频繁的跳槽来逃避。

其实在很多单位，职员的工资收入都是相对稳定的，不用在这个方面费太多的心思，但是几乎所有人都很在乎自己在上司心目中的形象，上司的肯定与赞美往往是很具有权威性的，是确定员工在本单位的价值和地位的依据。

同事之间的鼓励和赞许能够营造融洽的工作氛围，提高工作质量。很多时候人们做一份工作不仅仅是为了获得经济上的收益，更多的是自我价值的实现，这往往依赖于周围人的肯定和称赞，一个带有赞美意味的笑容，就能产生皮格马利翁效应，让员工动力十足地投入到自己的工作中。对于职场中的老板来说，给予下属一个正面的期待，就是给了他一份如你所愿的不竭动力。而对员工自己来说，给自己一个美好的期待，也就拥有了前进的勇气。

内模拟，源自内心的不竭动力

内模拟就是当一个人的内心在想什么事时，他的外在和行动会不由自主地模拟什么。如果一个人心中认定自己将来一定会当领导，他的行为举止、言谈以及思维方式渐渐向着一个领导者靠拢，这就是内模拟的效果，就像皮格马利翁期望他的雕塑成为真人一样，虽然他的期望成真有些戏剧化，但是生活中内模拟确实起到一定的作用。内模拟其实是“期

待效应”的一种，表现为自我期待，所以同样能够起到推动“模拟情境”成为现实的作用。

他们的职场

王磊和谢卓是大学同学，毕业后一起到一家计算机软件公司就职，负责办公软件的研发。

上班没多久，问题出现了。由于公司的规模太小，产品虽然很好并有一定的市场潜力，但是没有品牌，只能赊销，款项迟迟收不回来，资金储备少，运转困难。

王磊动摇了，他对公司发展前景没有信心，想跳槽去别的公司。谢卓认为创业阶段的公司总会遇到各种困难，这是一个锻炼的好机会，而且老板人很诚恳，承诺给他们股份，最重的是，他相信公司的产品有发展的潜力，所以他留了下来，而王磊最后离开了。

谢卓虽然留下来，心里却也不是不担忧，只是对公司前景的理性判断和对未来的期待战胜了跳槽的诱惑。老板兑现承诺给了他公司的股份，他就把公司当作了自己的公司，像老板一样去为公司考虑，也就抵挡了外界的诱惑和“私利为先”的干扰。

半年后，一家资金雄厚的公司看中了他们的软件，决定给他们投资，公司峰回路转，有了资金支持，开始发展壮大起来，短短几年功夫就成为了鼎鼎有名的软件开发公司。为了感谢谢卓在公司最艰难的时期的坚守，老板不但让谢卓担任技术总监，还将他持的股份提高到40%，于是谢卓真的成了公司的半个老板。

上面的故事中谢卓一直相信公司一定可以壮大，通过老板的为人和公司产品，谢卓就内模拟公司未来的前景和自己未来职场中的定位，选择和公司同甘共苦。

你的职场

其实，老板和员工都是企业这条船上的一员，只是角色不同，分工不同而已。在企业这条船上，老板是船长，这个位子赋予他的不仅有权利，还有责任，他要思考船的航向，要避免触礁或者碰到冰山，还要保障包括员工在内所有人的安全。而作为企业员工的你，应该怎么做？内模拟无非是给自己一个正面的积极的期待，这个期待可以是升职，可以是加薪，也可以是上司的一句表场夸赞，这让人想到一句谚语“不想当将军的士兵不是好士兵”，当然不能够说不想当老板的员工就不是好员工，术业有专攻，并不是每个人都适合做管理者，但作为企业的一员，把自己的那份工作当做自己的事业来做，把自己当作企业的主人来思考问题，却是适合每个员工人的内模拟。像老板那样思考，能够帮助你全面深入地了解他们的内心世界，理解他们的做事风格。这样做不仅有利于处理你和老板的关系，还能够开阔视野，站在老板的高度思考企业面临的问题，把握全局。具体实施起来，包括以下几点。

第一，怎样把工作做到位。像老板一样思考，在职场中把自己当做主人，就要有超前意识，不满足于把自己的工作做好，不满足于眼前的成果，不仅要清楚下一步要做什么，甚至要对未来几年有大致的把握，这样才能在无尽的竞争中把握时机，立于不败之地。如果你是研发人员，不仅要思考当下的技术如何击败对手，还要思考未来如何突破当下的自己；如果你是销售人员，完成销售业绩还远不够，还需开拓新的市场，抢占市场份额。不能只是被动地等待上司吩咐自己做事。

第二，如果你是老板，你一定不喜欢自己的员工把本来一小时可以完成的工作拖到两个小时才能干完。时间就是金钱。假如你的月薪是5000元，每周工作40小时，你每小时的价值就是12.5元，每天的价值就是100元。也就是说，无论你处于职场的哪个岗位，最起码的要求就是先要把自己每分钟、每小时、每天、每月的“份钱”挣出来，否则，你就没有尽到自己的责任，老板就要亏本。所以，提高工作效率，在有限的工作时间内，为企业创造最大的价值，是身处职场的人需要思考的一个重要问题。

第三，在准确判断的基础上，做出正确的内模拟，并向你的同事讲述你的内模拟，坚持朝你内模拟的方向努力。比如，一般企业都会有自己的前景预测，这种前景建立在对现状的分析基础上，可行性比较高。如果你相信企业的预测，就可以内模拟一个和企业目标一致的、符合自己需求的期望，然后为了这个期望制定一个达成的步骤，最后努力去执行这些步骤，这样你的期待才有可能变成现实。当然，实现的过程不可能一蹴而就，有可能很长，有可能面临很多困境，这时候需要坚持你的内模拟，就像故事里的谢卓那样，全力以赴地为自己认定的前景打拼。

在职场中给自己一个目标，做任何事情时内心中就不断地模拟自己已经达成目标，这样内模拟会驱动你成为老板，帮助你达成心中的目标。

职场也需要反皮格马利翁效应

皮格马利翁效应是说正面期待的积极作用，对一个人成一件事的正面期待应该是建立在信任和识人之长的基础上。这里所说的反皮格马利翁效应并不是要讲负面期待的作用，而是要说与识人之长相对的，识人之短，擅于利用或回避别人的缺点，同样能够产生积极的作用。

他们的职场

刚子为一家企业服务五年多了，五年中他从一个客户经理升任为客户总监，由他策划的项目有多个被评为行业经典案例，他在业界有了相当高的知名度，而且一直业绩突出。而他最广为人知的特点是体谅下属，也因此他带过的团队总能够齐心合力以最足的劲头出色地完成任务。然而，在离合约期满还有9个多月的时候，刚子被公司解聘了。

公司在年初的员工会议上表示，将在3月份进行员工提薪，但已经到了5月份，公司还是没有任何动静。员工们开始坐不住了，纷纷议论这件事，情绪十分不满，于是种种猜测开始出现。作为客户总监的刚子也认为公司的做法有欠妥当，既然公司已经承诺为什么不兑现？所以当下属在他面前抱怨公司的种种“不合理”制度时，他也表现出了他的怨言。最后事情的发展脱离了控制，员工们联合起来集体抗议，进而开始内部罢工。虽然事情最后以双方都能接受的方式解决了，但是公司在这一事件中遭受了很大的经济损失，而刚子虽未参与罢工行动却依然被公司解雇。

外企的上层认为刚子在这件事情上应该是站在管理层的角度去说服下属，但就是因为刚子在这件事情上表示了对公司的不满，让员工们觉得有人在支持他们，才有了集体抗议、罢工的事情，所以刚子对罢工事件有着不可推卸的责任。

其实这件事暴露出的问题是，公司老板和刚子虽然都能够识人之长，却都没有意识到识人之短的重要性。

老板认为刚子有能力带领团队，以往的经验也证明的确如此，他知道刚子很会体谅下属，也知道这个特点的积极作用，却没有看到过于护短也是作为中层领导的刚子的一个短处，因而将队伍交给刚子全权负责，在问题刚露苗头时没有及时得到反馈，导致事态愈演愈烈，最后脱离控制。

刚子同样知道对下属的关心和体谅会产生积极的效果，故而对此只有正面期待，却没有弄清楚怎样做才真正对下属有益。当问题出现时，刚子还像往常一样表现出对下属的体谅，但他没有预测到一向跟他一条心的下属这一次会脱离控制，在他的“默许”下组织罢工活动。这些员工最终虽然得到了公司的妥协，却也断送了自己在公司进一步提升的可能，可谓因小失大。在这一点上，刚子同样负有责任。员工可以不理智，但作为管理者的刚子却应该能够掌控全局，对下属有足够的了解，不仅识人之长，对“长处”有正面期待，也能够识人之短，对“短处”合理规避。

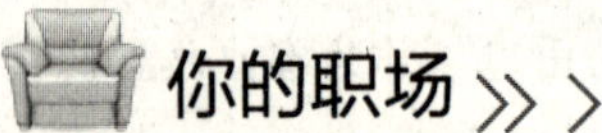

你的职场 >>>

每个人都是优点和缺点的结合体。在职场中，对于别人的缺点，与其想办法迫其改正，不加有意识地加以利用，只要经过耐心的了解和认真的思索，就可以化利为弊，产生意想不到的效果。要利用缺点，首先必须要找到缺点。一般来说，要找到别人的缺点不难，可是要找到可以利用的缺点却不容易，这需要仔细观察，详细分析，认真思考，用人之短。

唐太宗李世民曾说：“明主之任人，如巧匠之制木。直者以为辕，曲者以为轮，长者以为栋梁，短者以为拱角，无曲直长短，各有所施。明主之任人亦由是也。智者取其谋，愚者取其力，勇者取具威，怯者取其慎，无智愚勇怯兼而用之，故良将无弃才，明主无弃士。”

管理者不仅需要认真分析同事或下属的优势所在，依据团队的优势确定目标，还必须要善于发现和寻找队员的劣势和不足，以采取针对性的应变措施。“海纳百川，有容乃大”，具有如此胸怀的人在职场中才能一步步了解、熟悉身边每位员工的脾性、能力、特长、爱好和不足，针对不同的个性、情况安排工作，使他们能迅速“对号入座”，愉快进入“角色”，充分激发积极性、创造性，为企业做出自己的贡献。

一般人看来，短就是短，而在优秀的管理者眼中，短也有长，所谓“尺有所短，寸有所长”。聪明的老板应该既善于用人之长，又善于用人之短：性格挑剔，吹毛求疵的人可以做质量监督员；处事死板，循规蹈矩的人可以做考勤员。

那么，如果你只是职场新手，从普通员工的角度，你应该怎么做呢？首先，要认识到，在职场中优缺点并不是固定不变的，而是互相转化，优点利用不当也可能会成为职业发展中的阻力。譬如，有些人爱独立思考，对什么都爱问个为什么，同事就会觉得这种人思想复杂，一定有什么企图，反而会产生戒备心理；有些人爱给领导提意见，爱给单位的工作提改进建议，他身边的人就觉得这种人骄傲自满，爱显摆；有的人在钻研业务上很用心，他的上司可能会觉得这样的人只会埋头拉车，不会抬头看路，不适合担当重任。很多时候，职场中优点就可能被视为不良企图，或者会给身边的同事、上司带来压力，反而不利于职场的发展。

所以，在适时适度地展现自己表达自己的同时，也要学会收敛锋芒，适当地暴露自己的缺点和短处，当然这种缺点或短处应当是他人可以善加利用的，而不是带有劣根性质的缺点。这种暴露不但让自己在职场中发展得更为踏实，而且也能给同事和上司一个善用人之短的机会。

9 归纳悖论

——成功是独立事件，为什么还要阅读别人的故事？

唯物主义哲学家认为，我们的知识并非天生存在于头脑中的，而是来自对世界上重复现象的归纳。其实在孩子的眼里，整个世界变幻莫测，一种现象接着另一种现象，其间没有任何规律性和必然性。后来，婴儿慢慢地长成大人，在成长的过程中发现了许多不断重复的现象并进行归纳，形成了各种知识理论，世界变得有条有理，秩序井然。人们碰见几个奸商就得出“无商不奸”，无数次看到乌鸦的羽毛是黑的，就归纳出“天下乌鸦一般黑”，可是这样归纳的结果可靠吗？

18 世纪英国哲学家休谟对归纳所形成的因果必然性提出了质疑。他认为归纳不能带来必然性，只是或然的，相反的情形也可能存在，人们千万次看到乌鸦的羽毛是黑的，但无法断定所有的乌鸦都是黑羽毛的。

休谟的结论是，归纳所得到的知识，表面看是现象之间的必然联系，实质上只是或然的，是一种心理习惯，而“习惯是人生的伟大指南”。人类总是习惯于用过去的方式来处理现在的事情，并且为自己的做法寻找客观依据。

职场中的成功故事都是独立事件，为什么还有那么多想要成功的人总是要参考以前的结果？大部分人相信成功是有规律可循的，只要找到其中的规律，就可以遵循他人成功的路径，找到自己的成功。但是，即便是参考了别人的成功经验，不同个体成功几率依然差别很大。这就是为什么那么多人阅读了教人如何成功的书结果自己还是停留在寻找成功的道路上。既然如此，为什么要参考别人的成功经验？因为很多人相信某一独立事件的概率要受到过去不断重复的影响。比如在战争中，士兵们相信，躲在新弹坑里比较安全，因为很多老兵亲历多次战争后的经验是：炮弹两次打中同一地点可能性不大。这也许有一点道理：大炮每次射击，都可能会因反作用力使炮位稍稍移动，弹着点也可能略有偏差。但是这种说法依然不准确，因为不止是一门炮在射击。

很多情况下，每个人的“运气”都独立于他人的“运气”，并不因为前人没有成功而多了成功的机会，也并不因为参考了前人成功的经验，就能在职场中找到自己发展的空间。

参考别人的职场故事，能够避免一些错误，但是不能决定你的职场之路前进的方向。

别人的成功路径，不是你的模板

他们的职场 »›

志刚工作很努力，也有明确的目标——成为所在外企的CEO。他的条件也不错，知名大学的管理学博士，会好几门外语。但是他周围的人都觉得志刚是个怪人，行事风格忽冷忽热，一阵子很冷淡一副惜字如金的样子；一阵子又很健谈，走过他身边的人都被拉着聊半天；又过了一阵子，动不动就请大伙吃饭；可是没过一个月，又呈现出一副君子之交淡若水的态势，同事结婚，大家都凑份子，唯独他送了一对幼稚的手机链。开始大家都不理解志刚为什么会这样，后来才知道原来志刚每天都

会阅读成功人士的励志书籍，并且将其中成功的要点都记了下来，及时在职场中去试行，今天看到某人散财聚人的故事，就动不动请同事吃饭；明天看到通用的总裁与下属保持一定的距离，也觉得很有道理，于是就君子之交淡若水。好在同事们都知道志刚为人不错，也就原谅他不成熟、忽冷忽热的表现了。

每位成功的人士都有自己独特的路径，可是同样是成功人士，却很可能路径截然相反，如果照搬别人的路径，就会出现志刚怪异的行事风格。别人成功的故事都是在他们特定的背景环境下，加上个人的运气、灵活度以及努力等等综合因素决定的，即便是要参考也要结合自己的环境和具体实践来调整运用。别人成功的路径，并不是职场中可以随意套用的模板，借鉴可以，但要有选择，要有自己的思考。

你的职场 >>

条条大路通罗马。由始点到目标点可以有很多路径，但是只有在具备一定基础条件的情况下，遵照自己的特性选择适合自己的路径，才能使成功的道路畅通，从而顺利到达成功目标点。影响选择成功路径的因素很多，也很复杂，总是参照别人的成功路径，并不能达到。它涉及到影响职场人士的外因和自身的内因。外因很难改变，不是参照了别人的成功路径就可以的。职场人士能做的就是依靠改变内因来摸索成功之路。

第一，挖掘自己的潜能，正确认识自我。大凡成功者都善于认识自己，挖掘自己的潜能，哪怕自己遭受过挫折和失败。“聆听自己内心的声音”，充分认识自己，是许多成功者的秘诀之一。

第二，让自己的潜能在逆境中闪光。职场中的某些缺陷固然会成为成功的障碍，但只要正确对待，敢于超越，就能化缺陷为动力，创造出难以想象的奇迹。人的一生路漫漫，不可能没有挫折和逆境，一个人的成功和幸福，在客观认识各种环境和自我之后，才能获得。

别让过去套牢你的未来

人们总是不停地在归纳自己的过去，仿佛要从中总结出什么规律来。于是总有那么一些人因为不断重复的归纳而停留在过去，以至于迟迟无法开始新的未来。

他们的职场 >>>

万梓溪因为家庭原因，从小就在新疆接受的教育，虽然自己一直很努力，想通过考上大学改变命运，但是高考还是失利了。万梓溪不甘心，自己闯荡京城，试图在北京找到自己的一片天地。可是每当失利或者不开心的时候，万梓溪就抱怨自己为什么要在新疆接受教育，总是想如果不是因为家庭出身，父亲就不会去新疆，那么自己的现在一定是一番不一样的情境。这种“如果”伴随了万梓溪很多年。终于，有一天万梓溪看到“人只有抛弃过去这个沉重的负担，才能够轻装上阵”这句话才醒悟，这么多年所谓的不顺，所谓的苦恼因为自自己沉浸在过去。

于是万梓溪决定抛弃过去，一边工作，一边参加自考，提升自己。经过多年的努力和奋斗，万梓溪考研成功，不但圆了自己的大学梦，还获得一份不错工作。在工作中她也不断的告诫自己，现在的成功来之不易，所以还得抛弃过去，继续努力，所以她虚心向身边者的人请教，发现他们的优点并学习。

成功与失败者之间的差别是，成功人士始终用最积极的心态，眼睛始终看着前方，用未来的目标来支配和控制自己的人生；失败者则刚好相反，他们总是喜欢用消极的心态，不停地回顾过去，抱怨自己今天的失败是因为过去的不堪。

别让过去套牢你的未来，抛开过去的牵绊，才能赢得职场的未来。

你的职场 >>>

在职场中，不仅要敢于放下自己的过去，从头开始，对于别人过去开创的局面，作为后人的我们，既要心怀感恩，也要敢于突破，不让别人的过去将自己套牢。在职场中有很多这样的人，他们说："公司从成立开始就是这样，如果能改进，那些老板、董事、经理人早就做过了，还用得上我吗？"或者"工作的流程都已经固定下来了，还有什么可改的？总经理的位置那么高，什么时候爬得上去啊，想都别想了，还是老老实实呆在这里吧！"……如果职场中的每个人都这样想，恐怕企业就不会发展了，那么多创新的产品就不会生产出来了，也不会有成功的企业家，因为没有人敢改革，敢创新，敢往上爬；世界上也不会有技艺精湛的技工、演员、作家，不会有企业家，不会有飞机、火车、轮船的发明，现代生活的一切可能都不会存在。因为一切都很困难，困难得让人不敢想，更别说去行动了。在接受前人成果的同时，要勤于思考，勇于实践，不安于现状，在看似没有机会的条件下，为自己开创机会，打破前人确立的局面，才能创造更多可能，有可能，才有发展。

10 旅游悖论

——跳槽的诱惑?

旅游的人都有过这样的经历：在去一个地方旅游之前，总是把那个地方想象得很美，景色宜人，有着独特的风土人情；可是一旦身临其境，就发现那里完全没有想象的好，似乎所有的地方都相似，除了山就是水,还有那无边无际的人群和几乎一模一样的商品。可是下一次，在另外一个旅游地，相似的情况同样出现，但人们仍会乐此不疲地一个地方接着一个地方去旅游，先是畅想，然后是失望。这就形成了一个旅游悖论：一个地方总是没有想象中的美丽，但是热爱旅游的人总是锲而不舍。

职场中也有这样的一群人，他们总是频繁地换工作，从一个公司调到另一个公司，乐此不彼，原因也是多种多样的。但是更多的是对现状的不满，不是嫌现在的工作挣钱少，就是觉得发展空间太小，或者认为同事不太好相处等等。总的来说，他们就像旅游者一样，总是认为新鲜的旅游地会更加美好。

拥有一份工作之前，总是幻想着在这个新的天地中，一定要积极努力，好好和上司相处，赚得盆满钵满。但是真正拥有后却发现：每天重复做着一样或近似的工作，枯燥无味，看不到发展的前景，也没有那么

多激情去争取什么了。时间久了对自己的工作这也不满意，那也不满意，似乎那些看得见却不能拥有的工作才是最完美的。于是，一个公司接着一个公司地跳，总是想找到满意的旅游地，可是永远无法满足。

跳槽，一半是海水，一半是火焰

跳槽是现代职场中比较普遍的现象，人们不再认为一生只能有一份职业。但是无论持有什么样的观点，从个人内心而言，没有人喜欢不断地跳槽。大家都喜欢在一个自己满意的单位一步一步升迁。可是事实往往不那么令人满意，不是工资待遇不合适，就是老板不近人情，或者同事们太过小心眼不会合作等等。职场中的人从这个单位跳到那个单位，跳来跳去最后发现没有找到一家适合自己的单位。

他们的职场 >>

吴语谌，27岁，毕业于某重点大学，本科学历，工作五年左右，先后跳槽七次之多，行业涉及房地产、化妆品、培训机构、传媒、教育和物流公司等，从过事的具体工作包括服务、营销、策划、编辑、培训师和行政等。

吴语谌在大学学的是物流专业，她擅长中文写作，口头表达能力也非常优秀。在校期间，一直担任学生干部，并且独自寻找了一个加盟项目，在家乡做代理商，先期运作比较成功。因为这些经历，吴语谌在毕业时对自己的期望较高，不甘心在大公司从底层做起，而是想进入一家规模不大但是有发展前途的公司，可以一开始就受重视，以最快的速度成长，然后再自己创业。

目前，吴语谌在一家杂志社担任记者。与先前的辗转奔波和业绩压力相比，这里的环境轻松了很多，也让吴语谌从紧张的心理状态中解放出来。但这份工作真的能让她找到一种归属感吗？

回想五年左右的从业经历，常让吴语谌觉得有很多的困惑和迷茫，比起刚毕业的时候，她甚至更找不到自己的发展方向。她本不太喜欢过安逸的工作，为了挑战自己、提升自己，她换了一份又一份的工作，却感觉自己好像还在原地，目前的状况让她失去了方向，不知道该何去何从。

故事里吴语谌的想法存在两个误区：第一，希望自己遇到合适的单位，碰到能够器重自己的上司或老板，这里面存在着极大的被动、消极等待的因素。她没有想过怎样改变自己去适应单位，让单位对自己满意，总是期望遇到自己满意的公司。第二，她跳来跳去，最根本的原因是她没有一个明确的方向，也就是她自己都不知道自己想要什么。工资低的时候她想要涨薪水，薪水上来了又希望有升迁的机会，升职了又发现自己从事的工作并不是内心喜欢的，可是喜欢的工作又不能挣得高工资，也缺乏升迁的机会。就在这样的怪圈中跳来跳去。

你的职场 >>>

其实职场就是战场，而一贯热闹的职场也开始关注职业质量。在今天这个职场风云变幻的年代，要想建立个人品牌，就必须增加品牌的含金量，不仅需要高学历、好技术，还需要很好的为人，套用老板们的话就是“忠诚度高，经久耐用”。个人的职业品牌最基本的特征跟产品品牌一样，是“质量保障”，主要体现在个人业务技能上的高质量和人品质量两个方面，而频繁的跳槽就会严重影响到个人职业品牌质量。

增加个人品牌含金量的方法有多种，如果想通过更换工作来增加就错了，因为每个企业都有自己的特点、文化背景、发展方向。你也许会说，跳槽能使我学到很多东西。其实不然，学得多而不专，思路会像脱缰的野马一样收不回来。跳得越频繁，越能暴露出你的忠诚度和稳定性不高。

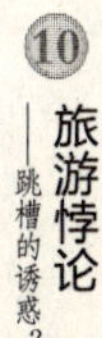

频繁跳槽的人可能会被划入诚信“黑名单”，现在企业在招聘时都很注重人才的诚信记录，没有喜欢缺乏忠诚度员工的企业。所有用人单位都很防备，怕员工在接触和掌握了企业的核心机密之后，利用这些知识离职自立门户或加入竞争对手的阵营。因此，没有哪个用人单位喜欢跳槽成性的员工，因为他们很可能背叛公司。那些由于跳槽惯性而在行业中“臭名远扬”的人，即使很有才华也可能让用人单位弃之不用。

而且频繁跳槽会导致职业含金量缩水。因为只有在某个职位上经历一段时间，才能让你有足够的经验，深入了解某个行业和职业，职业含金量才能上升，并在行业中树立起好的口碑。

喜欢跳槽的人，成就感会比较低。因为总想跳槽，无法安下心来好好工作，那么短的时间也无法做出业绩来，因此也就不会有什么成就感。也许有人会认为工作是为了养活自己，有没有成就感无所谓。其实不然，人对工作的满意度除了物质上，更多的是精神上的。如果在一个行业中做出一番事业，对自我的认可度就会提高。

新的旅游地，让你失去目标，失去自我

身在职场中人都有个通病，就是这山望着那山高，吃着碗里看着锅里。永远把那些看似遥远的新的旅游地当做自己的梦想中的目标。可是一旦真的跳入那个看似完美的单位，就会发现很多不如意的地方：不是老板不好，就是工作环境太差；工资挺高，可惜没有双休日……对完美职场的渴望就像是旅游爱好者对新的旅游地的追逐，其结果也是一样——失去目标，失去自我。

他们的职场

菲儿最近很烦，大学毕业才三年，可她已经换了五份工作，学中文的她，先做了一段时间的行政，觉得不能发挥专长。辞职后又参加培训学习英文，考了导游证书去当导游，可是整天跑来跑去，又觉得很累。不得不又辞职，找了一家公司，回办公室当秘书，又觉得整天被使来唤去，没干几个月，又不想干了……看着一起毕业的同学一个个升职加薪，心里很不是滋味，问题到底出在哪儿呢？菲儿十分茫然。

其实跳槽也有惯性，当你频繁跳槽之后，换工作就会变成一种无意识的习惯行为，而不是对自己负责任的慎重决定。长此以往，人们就会在不知不觉间跟着惯性走，失去职业目标，最后失去自我。当跳槽成为一种习惯以后，你既不知道自己的职业目标是什么，也不知道自己的人生目标是什么。

你的职场

摆脱“新旅游地”的诱惑，可以从以下三方面入手：

首先，认清自己的现状。如果你有心改变频繁跳槽的现状，一定要首先认清自己所处的状态：是不是刚换了工作不出三个月，又想跳槽？自己的职业诉求点在哪里？因为什么原因总是跳槽？确定自己的人生目标是什么，希望在什么环境下工作，再结合自己的性格爱好等特点做好计划，对未来进行规划，也有助于认清自己的状态。

其次，问自己三个问题。第一个问题，这次我非要跳槽吗？第二问题：这次跳槽在自己的职业规划之内吗？第三个问题：跳槽后遇到同样的问题该怎么办？相信答案自在你心中。这个方法有助于克制你的跳槽欲望，帮助你理性面对跳槽问题。

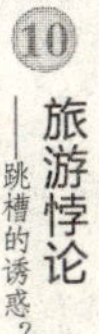

最后，要进行职业规划。做职业规划之前要问自己两个问题：

（1）自己的人生目标是什么？

（2）什么样的职业有助于实现自己的人生目标？

明确这两个问题之后，再决定自己是不是要再次跳槽，但是在决定之前还是有两个很关键的问题：

（1）这个决定是否会让自己与未来的职业目标愈来愈近？

（2）我会因这个决定而工作得更快乐吗？

当然，也不乏一开始就跳错了方向的，不是因为遭遇困难，而是所跳的地方离职业目标越来越远。如果真的感觉跳槽是错误的，那么不要着急着寻找下家，你可以尝试下面三个办法：

办法一：寻找内部发展机会。

如果你跳槽后，发现自己跳错了。那么在你确定不是很适应目前工作的前提下，不妨先静下心来，看看公司中有没有和你预期目标相接近的岗位，然后再想办法和老板沟通。老板雇用一个人总希望他能为公司带来更多的效益，如果你在现有的岗位上不能够完全发挥自己的实力，就等于浪费了老板投入的成本。这时候可以与老板沟通，让老板知道你的想法，让老板明白你擅长做什么工作，让老板知道你想要获得什么样的学习机会。看看老板是不是可以给你内部发展机会，让你在一个更适合的岗位发挥作用。

办法二：即使跳错了，也要坚持做满三个月。

发现自己跳槽跳错了，产生又想跳槽的想法时，不妨先冷静下来，让自己坚持做满三个月，即使做满了三个月还是忍受不了这个岗位，没关系，权当交了三个月学费，学习了新的工作经验，虽然代价很大，但至少你不再浮躁，对自己将来也有个更全面的认识。

况且坚持做满三个月，有助于你心平气和地确定新岗位是否真的不适合。所谓万事开头难。当你进入一家陌生企业时，其实是进入了一个全新的环境，或许会发现工作性质或工作量超出自己的能力，或是与上司不和，不能很好地融入新的环境，这些会使你感到懊恼，认为自己跳错了槽，并想再次跳槽。这种想法并不一定真实可靠，因为这只是一种逃避,逃避你所遇到的困难和不适。因为每一次新的工作,总是新的开始，会需要很长的一段适应期。不要以为所有问题和困难都会随工作环境的改变而改变。没有环境适应人，只有人适应环境；没有社会去适应个人，只有个人适应社会。至少你可以先冷静下来尝试着做满三个月，再看结果如何，看自己是否能战胜这些困难。

办法三：理性规划下一次跳槽。

在确定自己跳槽失误并且没有办法与上面沟通以求改变，也无法适应新的环境和工作的情况下，只能选择骑着马儿找马了，有了下家就进行二次跳槽。千万不可一赌气，甩手不干，这样是对自己不负责任，也是对用人单位不负责任的一种表现。需要注意的是：这次要绝对吸取经验教训,不能再随大流地选择跳槽。既然已经跳错了,自怜自怨于事无补，甩手不干也解决不了任何问题，不如认认真真地为自己理性规划，寻找二次跳槽的机会。

11 忒修斯悖论

——在不断的变化中思考

忒修斯悖论，最早记载于罗马帝国时代的希腊作家普鲁塔克的作品《忒修斯》，讲述的是一艘古老的帆船“忒修斯之船”的故事，也是最古老的思想实验之一。这艘帆船在大海上风吹雨淋，一直航行了几百年，它“长寿”的秘诀在于，不断地更换零件。

这艘船在海上航行几年后，船帆变得破旧不堪，于是船员们把旧帆拆下来放进仓库，换上了新的船帆。“忒修斯之船”的帆换掉了，那么“忒修斯之船”还是不是原来的“忒修斯之船”呢？也许人们会说，当然还是原来的船，只不过换块帆罢了。

后来，“忒修斯之船”的甲板也旧了，于是船员们把旧甲板拆下来放进仓库，换上了新的甲板。这时候，换了新帆和新甲板的“忒修斯之船”还是原来的“忒修斯之船”吗？可能有人会说，只是换了帆和甲板而已，“忒修斯之船”还是同一个。

再后来，“忒修斯之船”的桅杆也破了，船员们又把旧桅杆拆下来放进仓库，换上了新的桅杆。就这样，年复一年，每当船上有零件损坏时，船员们就会把旧的拆下来，换上新零件。

最终，“忒修斯之船”的每一个零件都被替换过了，成为了崭新的“忒修斯之船”。而那些替换下来的旧零件，被船员们重新组装起来，于是另一艘“忒修斯之船”诞生了。这个时候，他们拥有了两艘船，但问题是，究竟那一艘才是真正意义上的“忒修斯之船”呢？

不同的人对这个问题有不同的理解，总结起来就是以下几种。

有人认为，那艘崭新的“忒修斯之船”才是真正的“忒修斯之船”。因为每一次更换的只是一个零件，并不影响“忒修斯之船”的本质属性，而且每次局部更换之后人们还是把它当成原来的“忒修斯之船”。那些仓库中旧部件已经从“忒修斯之船”上剥离，即便重新组装，也与原来的“忒修斯之船”脱离了关系。

还有人认为，用旧零件重新组装的“忒修斯之船”才是真正的“忒修斯之船”。因为那艘崭新的“忒修斯之船”全部零件都更换过，既然没有一个零件是原装的，那怎么还能是原来的“忒修斯之船”呢？而重新组装的船就相当于把原来的“忒修斯之船”全部拆散之后，再按照原来的样子重新装起来，那不还是同一个东西吗？然而这种论断又引出了另一个问题：如果换过全部零件的船不是原来的“忒修斯之船”，那么它是从什么时候开始，不再是原来的船？这个问题更加难以回答。更换第一个零件时，它显然还是“忒修斯之船”，那么难道是更换掉最后一个零件时，它的本质就改变了吗？但是人们显然无法认同，单凭一个零件就能决定“忒修斯之船”的本质。

第三种观点认为，崭新的船和组装的旧船都是“忒修斯之船”。这就意味着，“忒修斯之船”的本质已经一分为二了，使得这两艘船拥有了相同的身份，就像同一个模具做出的两个螺钉一样。两艘船的差异太小以至可以忽略不计，二者本质上是同一艘船。但是事实上，两艘船不可能是同一艘船，显然这种观点是自相矛盾的。即便同一模具做出的两个一模一样的螺钉，我们也只能说它们相同或相似，但不能说是同一个螺钉。

第四种观点认为，这两艘船都不是真正的“忒修斯之船”。“忒修斯之船”的本质已经在不断更换零件的过程中消逝。新船由于不停地更换

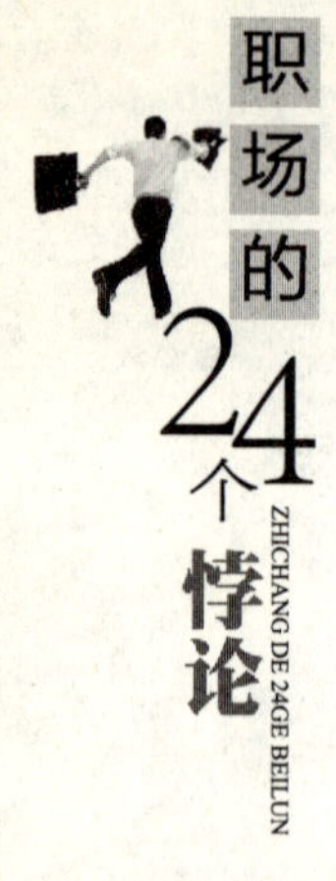

零件，在不断更新中获得了新的身份；而旧船在重新组装后获得了新生，与一点点被拆卸的“忒修斯之船”丧失了联系。那么“忒修斯之船”去哪儿了？一艘船不可能平白无故消失，所以这种说法似乎也存在问题。

以上几种理解看似都有道理，确又都有破绽，这里并无对错，只是每个人的理解不同。事实上，这个世界就处在不断的变化之中，人也一样，无论是身体上还是心理上都在变，每一天人的细胞、血液都像“忒修斯之船”的零件一样在更新。

但是同时也有一些东西是不变的。在变与不变间，需要你抓住本质，坚持该坚持的，改变该改变的，以适应这个世界的变化，不落后，也不迷失。

自我更新是职场立足之本

“忒修斯之船”如果不是在不断地更新，今天换一个桅杆，明天换上新的甲板，相信经过岁月的打磨，它会消失在这个茫茫的世界中，不复存在。更新让“忒修斯之船”获得了永生，人不也是如此，如果不能及时更新那些陈旧的、腐朽的思想，怎么保持进步与发展的步伐？在这个“物竞天择，适者生存”的社会，人类要想生存，要想在这个社会立足，就要不断地更新自己，获得自己的立足之本。

他们的职场

周壁卿在大学毕业后工作了两三年就有了不凡的成就。有一次，公司要搞一次提高工作效率的培训课程，组织包括她在内的几个人选公开竞选，做开课演讲及负责这个培训课程。收到通知后，她颇受鼓舞，认为这也表示了公司对于自己的重视。

可是，这样激昂的状态并没有持续多久。她想，另外几个人选，都比她的学历高，不是硕士就是博士，只有她一个人是本科学历，而且那几个资历也比她深厚得多，自己才工作两三年，怎么可能选上呢？想到这，她变得无精打采，患得患失，为此周壁卿情绪低落，而且还影响到了手头上的工作。

由于周壁卿的自卑，致使自己没能把握住这次机会。如果这样下去，她永远都不会有晋升的机会。虽然没有比较就没有进步，但是任何事情都不是盲目的，试着去“更新旧思想”“替换掉自己的自卑感”，才能以全新的面孔、真正的自我去工作，赢得本可能属于自己的成功。

周壁卿为什么自卑？那是因为她没有弄清楚，虽然自己学历比别人低，可是工作的这几年，她已经更新自己了，她不再像其他竞争者那样只是拥有理论知识，周壁卿在工作过程中不断地用实践更新自己，拥有了丰富的实践经验，这就是为什么上司会选择一个本科学历的职员参与竞争。

你的职场 >>>

企业中流行着这样一句话：要想成为行业的龙头，就要学会不断地更新自己的产品。一家企业要在市场中总是占据主导地位，那么就要做到第一个开发出新一代产品，第一个更新自己现有的产品。

想要不被职场淘汰，就要先学会更新自己。用“更新自己”的精神去学习。

那么在职场中你该如何更新自己，获得发展呢？

首先，抛弃自满，创造完美的职场。失败不是职场的最大敌人，自满才是。自满的人，路是短暂的，因为当别人还在继续向前跑的时候，他却以为已经到达终点了，完全不知道自己已经被抛在后面了。所以，职场中要做的，也是最不容易做到的，就是把沉浸在昔日辉煌成就中的

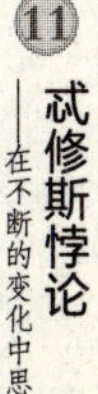

心更新掉，不断地为自己充电，使自己能够有足够的资本可以再造辉煌。

其次，要想做到不被社会更新，你就必须用“更新自己”的精神去吸取新的东西。当你的思想已经处于饱和状态，那么就只有更新掉一些不好的、消极的元素后，才有空间去填充新的东西。每天更新自己，再不断为自己充电，完善自己，这样不断地自我更新，才随在稳定中求发展，才能像“忒修斯之船”一样永远屹立在海面上。

不要在改变中迷失自我

随着时代日新月异的变化，职场也在不断变化，这就要求职场人不断改变，进行自我更新，就像故事中的“忒修斯之船”一样，换掉老旧的、不再发挥作用的思想，接受新知识，学习新技能。可是，最终不断改变的“忒修斯之船”出现了身份认同危机，那么在职场中不断变化的你，是否也会有同样的困扰？

在面对形形色色的诱惑时，你还能否记起自己想要的是什么？不断调整自己适应环境以后，是否还能坚持自己最初的梦想？在枯燥繁琐的工作岗位上，还能否保持当年的工作热情？在茫茫人海，在汹涌的时代大潮之中，你要做随波逐流的人群中的一员，还是要做那个逆流而上的孤独者？在经历了诸多变化后的你，要如何证明“我还是我”或者“我已不再是我”？

他们的职场 >>>

何林波从大学金融专业毕业，进入银行做了柜员。刚入职时，他意气风发，信心满满，虽然柜员的工作很枯燥，但是他的工作热情高，硬是将这种枯燥的工作干出了劲头：他每天总是第一个到银行将柜台擦拭得光洁锃亮；每到一个客户都面带微笑地问候，提供亲切热情的服务；从不计较客户没完没了的询问，总是一副彬彬有礼的样子。

这样坚持了两年，客户对何林波的工作满意度非常高，很多老客户对他赞不绝口，有什么需要都点名找他办理，这让领导对他也十分满意。然而，许多同事对他并不认可，甚至还有人背后中伤他，认为他虚伪、装样子。甚至有时候在清算时出现了纰漏，几个同事联合起来推到他身上，让他承担损失。

何林波对同事们对他的态度感到很不解，于是他私底下向自己的师傅请教了这个问题。师傅对他说："你工作得那么卖命，不就凸显出大家都在混？他们当然不会说你的好话了。要想在银行里面立足，就要和同事领导打成一片，你天天除了认真工作就是捧着一本书不停看，一副清高的样子，他们肯定认为你瞧不起人了。你还太年轻，学着点吧。"

对于师傅的话，何林波隐隐觉得不大赞同，但是自己又没有别的办法，只好用师傅的方法试一试。他仔细观察别的同事，学着他们的样子，敷衍低端客户，热情对待大额储户。他放弃了自考，用原来下班后复习的时间跟同事们一起打麻将，故意输给自己的领导。渐渐地，同事和领导对他的态度有所改观，但是何林波自己心里总觉得别扭，觉得自己所做的一切都很违心，但是为了能够在银行中生存，他觉得自己的让步是值得的。

然而，随着银行的改革，何林波因为文凭较低，又缺少突出贡献，渐渐被落在后面。看着越来越多的年轻人升职加薪，走到了自己前面，年近不惑的何林波困惑了，回忆起那时的自己，他突然觉得，也许一切都做错了。

虽然何林波曾经坚持过自己，但是面对压力，他选择了妥协，即便心里对自己的随波逐流感到不赞同，但是他把那当成一种牺牲，迎合同事领导以换取职场坦途。最后他迷失了自己，放弃了自己做事的原则和参加自考的梦想。

其实何林波最初的做法并没有错，积极工作，热情服务，努力学习提高自我，这些都无可厚非。后来出现的人际关系问题，部分原因在于同事的嫉妒，这其实很正常，职场中什么样的人都可能遇到，关键在于你如何去应对。还有部分原因在于何林波自己，也许是他自己的表达方式不够恰当，刺激到了其他同事。

面对这种危机的时候，正确的做法是，首先要判断什么是对的，什么是对自己长远发展有利的，这些都应该坚持下去。剩下的就是如何使用技巧，让自己不至于走向同事的对立面。比如热情服务没有错，那么就应该坚持，但是当同事们抱怨的时候，自己不妨也跟着抱怨一下："唉！我只是一个小小的中专生，又没什么背景，如果再不好好服务客户，迟早就会走人的！"除此之外，多和同事沟通、聊天，如果上级领导在的情况下，多衬托一下同事的工作成就，这些努力相信同事也看得到，就不会过于为难他。工作之余的充电毫无疑问有利于自己的提升，这个当然也要坚持，只不过不可利用工作时间学习，而且学习的举动要尽量低调，尽量不要让同事和领导知道，这样也不会给人清高的印象。

你的职场 >>>

很多人原本有很优秀的个性，但在生活的打磨中，他们被磨光了棱角，成为"沉默的大多数"。职场中，无论别人为了迎合所谓的潜规则怎样改变了自己，你都不需要盲目跟风。有时候，坚持自我比改变更重要。

第一，别人的成功经验不一定适合你。也许别人擅长于圆滑处事，但是如果你不擅长，没有必要扭曲自己的个性变得圆滑。

第二，要认真分析自己在职场中哪些做法是正确的，有利于自己长远的发展；哪些是不足的，需要改变的；哪些是无关紧要的，可以改变的。比如工作之余的充电，肯定对你的未来发展有利，即便再难，别人再有什么不满，也应该坚持下去。

第三，差异化才是职场生存之道。人与人之间的不同体现在能力上，也可以体现在个性上。只有拥有了独特之处，才能将自己与他人区分开，自己在职场的价值才能充分体现出来。培养能力前面已经说过了，那么在不伤害别人的前提下，保留一点自己的处事原则，自己的独特个性，展示一些与众不同之处，同样十分必要。文化讲求多元化，职场同样需要不同的人携手合作。

12 商品悖论

——老板更青睐稀缺的员工

在正常情况下，商品的需求规律是：在其他条件不变的情况下，价格越高，商品的需求量就越少。可是在市场中，经常可以见到某些商品的价格不断上涨，但消费者的需求不降反而增加了。这种现象似乎跟商品的需求规律背道而驰，却在现实生活中时有发生，经济学里将其称为“吉芬现象”。

“吉芬现象”是以英国统计学家罗伯特·吉芬的名字命名而来的。1845年，爱尔兰发生灾荒，造成农产品的价格急剧上涨，特别是土豆，当时土豆的价格已经高得可怕了，照理说东西越贵购买的人就应该越少才对。可是当时的土豆市场却不是这样的，随着土豆价格的上升，土豆的销量也在迅猛增长。这一反常态的现象，引起了统计学家吉芬的注意。后来，他发现土豆是当时爱尔兰人生活中必不可少的食物，爱尔兰人可以被迫减少肉类和奶类的消费，却不能减少土豆的消费。很多人把买肉和奶的钱节约下来，都买了土豆。但由于土豆稀缺，而且买的人有增无减，于是，土豆的价格就只能越涨越高。

著名心理学家罗伯特·恰尔蒂尼分析“吉芬现象”时说过：“对于那些稀有的物品，人类有一种本能的占有欲。”的确，几乎每个人都有这样一种心理，渴望占有那些稀有物品，对于这些物品，越是得不到就越想要、就越觉得它好。这也是一个亘古不变的规律。

职场上也是如此，稀缺的员工总是有着他人不具备的才能，虽然需要付出更多的成本，但是稀缺员工创造的价值远远大于企业付出的成本。比如掌握一项技术专利的员工或者握有某种资源的员工，掌握大量客户的员工，以及能够在企业当中化解任何矛盾冲突的员工等等，这些人拥有别人所不具备的特长，必然成为职场中受人欢迎的员工。可是这样的稀缺员工，企业越是渴望得到，越是难以拥有。就如同商品悖论一样：越是难得的员工，开价越高。

打造稀缺竞争力，成为职场达人

一般来说，职场特别需要稀缺专业人才，中国古代有句老话：“一技在手，终生不愁”，所谓“一技”就是指要成为稀缺专业人才，只有掌握了稀缺技能，才能打造出稀缺竞争力。而用人单位也会因为重视稀缺的专业人才而特别提供职业成长和发展机会。直接财务报酬、间接财务报酬、工作内容、职业机会等是稀缺专业人才工作报酬的基本因素。

他们的职场 >>

曲小晴在职场中一直被认为没有个性没有特点的人，什么技能都不会，只能每天笑呵呵地等着别人安排她做什么，她就去做。也不会争什么第一，更不参与评优秀员工。似乎办公室有她没她一个样。就这样每天看似忙得团团转，但是又似乎没做出什么来。她唯一的爱好是看各种养生的电视节目，这让她的身边的亲朋好友大为不解。似乎关注养生的话题应该是退休老人的事，二十出头的曲小晴怎么就喜欢看养生节目。

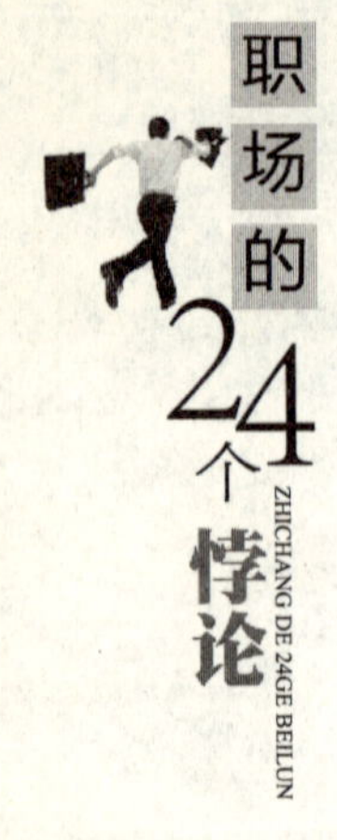

就这样在单位默默无闻了近5年的曲小晴，有一天居然递交了辞职信，大家纷纷问她辞职后有什么打算，她也是像平时一样笑笑而已。

过了小半年，原单位的同事像发现新大陆一般地向大家透漏消息：在一个富豪家庭聚会上看到曲小晴作为私人营养师，负责安排聚会所用食物。月薪过万，每日只负责三餐的饮食搭配。让同事们心中很不平衡。

的确，没有人想到一个看似什么都不会，没有做出任何成绩的人，却能轻轻松松地拿上万元的高薪。曲小晴在职场中的确没有什么特点，也没有值得单位留恋的地方，但是她能找到适合自己的稀缺的专业——营养师，因为稀缺她月薪上万，同样因为稀缺她的竞争压力小。

你的职场 >>>

打造稀缺竞争力，学习和发展成为一种重要因素，人们需要通过它来提高自己的技能以适应不断变化的工作环境和竞争激烈的劳动市场。对于欲打造稀缺竞争力的人来说，应做到以下几点：

第一，敢于迎接挑战。任何竞争力都是建立在承受不断挫败基础上的，所以在你的心理上必须要做好准备面对各种困难，在面对困难时不失去自信。要学会正确对待挫折，自觉地正视社会现实，转变观念，做好参加竞争甚至失败的准备。

第二，打造稀缺竞争力的前提是了解自己在哪一方面有兴趣和特长，打算在哪一个区域发挥特长，然后有选择地学习和培养自己的这方面的才能。

第三，学习一项“稀缺”技能。在职场中一定要习得一项“稀缺”技能，比如公关能力你数一数二，无人能及；或者文笔特好，什么样的文件、宣传、策划都离不开你；也可以是你能够维修别人不能维修的机器设备等等，类似这样的“稀缺”技能让你的企业离不开你，你的竞争力自然而然就会凸显出来。

尽管劳动力市场形势严峻，但也不用担心，因为社会不会淘汰有能力的人，只要踏实学习，努力增长才干，将自己打造成为职场的“稀缺”资源，无论在怎样的形势下，你都能够找到自己的发展空间。

树立稀缺品牌，将自己售卖出去

稀缺性不仅仅体现在技能、专业的稀缺，有时候别出心裁地推销自己，或者为自己树立一个不一样的形象，都属于树立自己的稀缺品牌。

他们的职场 >>>

几年前媒体曾报道过某大学生毕业求职简历“明码标价”的案例，也许可以给人们一点启示：

某大学生去年刚从某名牌大学工商管理专业毕业，谈及自己顺利找到工作的经历，她认为主要归功于自己制作了一个充满了“经济学”智慧的另类简历。简历中她对自己的各种能力来了个“明码标价”，制作了详尽的“价目表”，向用人单位呈现自己的能力。

她的简历如下：

基本价值：1800元——作为名牌大学的本科毕业生，16年的求学生涯耗费了父母几乎全部的金钱，需要足够的物质支持来回报家人和提供个人生活基本费用，并用于支持工作技能的进一步拓展。

技能价值：-500元——作为管理学专业的学生缺乏“一技之长”，本人优势只有在进入某单位经过一段时间磨炼后才能有所发挥。为了感激贵单位给予“进门”的机会，认为应该减去500元的月薪。

性格价值：100元——开朗、活泼、幽默的性格，入职之后能够最大限度地使自己所在的团体士气高昂，在愉快的氛围中保持工作的高效。

经验价值：500 元——深知自己社会经验欠缺，没有独立完成过一次完整的学术研究，但是在校期间组织过大型的社会活动，这些经验有助于尽快融入到新的工作环境，尽快为公司奉献自己。

潜在价值：600 元——请相信，作为一个具有扎实专业知识和较高综合素质的社会新人，一旦有一个平台，自己潜在的价值就能够得到充分的开发，能很快完成从学生到优秀的管理人员的过渡，为公司创造出价值。

和其他大学毕业生的简历相比，她的简历更像一份报价单。她对自己的各项素质进行了具体而客观的评价，分别给出了或正或负的价值数额。最后，她给自己评定的市场价值是 2500 元。

这个毕业生的求职方式比较少见，她的“报价”对自己和用人单位有一个明确的认识和定位，单这一点就不是很多人能够做到的，这也能让她有更多脱颖而出的机会。在激烈的职场竞争中，每一个人都是“待售”的商品，需要像这个大学生一样对自己的价值进行评估：我到底值多少钱？

你的职场 >>>

上个案例中的大学生将自己打造成一个稀缺的求职者。稀缺主要代表两个含义：稀有和紧缺。那么到底什么是稀缺？

首先，稀缺物品要具有一定的稀有性，就像那个给自己“标价”的大学生，劳动市场每天收到大量的简历，可是她的简历一眼就会被用人单位记住，为什么？因为大量的简历中像她这样的简历只有一份。可见稀有性表现在其本质是少而珍贵，物以稀为贵。

其次就是要有人欣赏，也就是需求性，这也是一个很重要的条件，假如没有人需求，那么再稀缺的物品也只是一个废物而已。职场也同样如此，如果有企业需要你，欣赏你，那么你就具有价值。

再次，打造稀缺竞争力，并不意味着就要减少数量，也就是你不见得成为职场的唯一，但一定要从独特的差异性上着手，这也是一种稀缺，只不过把稀缺性从整体移到了部分上来了。这样你所具备的独特性就是一种稀缺，依然是符合价值稀缺理论的。

需要注意的是，在职场中即使是“物以稀为贵”，但仍然需要注意再好的产品也不能无节制地销售，你的稀缺性也不能无节制地展示，有时候稍微留一点，为自己留有余地，对他人也不会造成太强的对比和威胁，使你在职场中不会成为“出头鸟”。

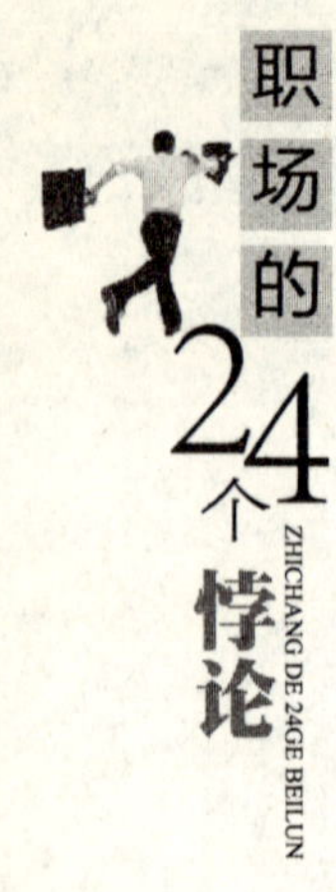

13 边际效用递减

——过度投入，沦为职场“套中人”

通常人们会觉得拥有什么当然是越多越好，比如肚子饿了，越多的食物越能填饱肚子；越多的钱，才能满足更多的需求。但是，实际上当你拥有得越多的时候，这些东西对你的作用就越小，这和人们惯常的思维相悖离。举个例子可能就好理解，如果你的肚子很饿，一整天都没有吃饭了，这时候端上来一盘包子，第一个包子你会觉得美味无比，第二个你会觉得特香，第三个还是感觉很好吃……第六个你感觉吃饱了，如果再吃下去，第八个你会觉得很勉强，第九个你会觉得撑得慌，第十个你会感觉是一种负担，再往下吃，你可能看见包子就想吐。这就是边际效用递减规律，就是说一样东西，在一个恰到好处的度上，会让你觉得拥有了很满足，可是过了这个度，就会感觉拥有了就是一种负担。

边际效用递减规律所体现的简单来说就是过犹不及，说明“适度原则”的重要性。在职场中也是如此。

作为领导，无论是对下属的奖惩还是施加压力，都要把握好一个度，适度的奖惩能够起到鼓励和惩戒的作用，适度的压力可以转化为动力。然而，奖励太过会让员工产生消极依赖，唯奖是图；惩罚太过会使公司氛围压抑，人人自危，无法踏实工作；施压太过，压力就不再是动力，而成为压垮心志的重负，重压下的员工或崩溃或放弃。

作为员工，无论在工作中还是在人际交往中，也要把握好度。工作中努力勤恳没错，但是设定目标也要建立在现实情况的基础上，适当的成就感可以使人充满自信，但是目标太过容易，毫无挑战性，则使人渐渐丧失奋斗热情，画地为牢将自己圈住。在与同事和上级的交往中，保持适度的热心能够让人觉得如沐春风，对你产生好感，但是过度热情则要么让人警惕，要么惹人厌烦，反而对人际关系不利。

工作狂，递减的是健康和生活质量

职场中有很多"拼命三郎"，他们经常加班，工作起来如痴如狂，即便在休息时间也总是想着工作。特别是在如今的信息时代，他们总是担心自己落后，跟工作有关的信息不愿漏掉一丝一毫，手机 24 小时待机，生怕错过什么重要信息。久而久之，随着工作精力投入的加大，工作效率却越来越低，随之递减的还有健康和生活质量，这就是发生在工作狂身上的"边际效用递减"。

有位推销员在一家保险公司找到一份推销保险的工作，薪资优厚，工作环境也不错，几度失业的推销员很珍惜，下决心努力工作。

第一个月，他非常努力地四处推销，每天给自己定下上门推销的次数。因为很多居民白天上班，晚上才在家，他就白天研究各个区域的居民情况，晚上挨家挨户去上门推销。月末他的成绩居所有推销员之首，不但领到了丰厚的奖金，连老板也相当满意地鼓励他："非常好，继续保持！"

推销员听见老板如此夸赞，非常开心，第二个月他工作得更加卖力。

然而不知为什么，他的营销成绩开始下降。

第三个月，他为了弥补上个月的缺额，更加努力将自己所有的时间都用于推销，压缩了白天分析、思考的时间，利用更多时间挨家挨户地拜访，一张嘴每天不停地说。可是这个月他的营销成绩不但没有改观，却比上个月还要差。

半年后，推销员感觉自己要顶不住压力了，他想到之前老板对自己的鼓励和期待，心里十分惭愧。最后他跑到老板那去道歉："老板，真对不起，我也不知道为什么，越努力营销成绩却越糟糕，实在对不起您的信任！"

老板听完他详细说了这几个月的工作细节，看着他明显比刚来时消瘦的身形、浓重的黑眼圈和眼里的血丝，问他："你上一次休假是什么时候？"

推销员望着老板，诧异地回答说："休假？我的销售业绩糟成这样，哪里舍得休假啊？"

老板却摇摇头说："先花点时间好好休息一下，然后咱们再来谈你的工作。"

所谓劳逸结合，职场中也是一样。工作是生活的一部分，休息也是。对于工作狂来说，他们应该把休息当成是一种投资，休息花去的时间不是没有回报的，更不能说是浪费掉的，只是这种回报是无形的，休息能够带给人活力充沛的身体和清醒的头脑，而这些是做任何事情绕不过的资本。就像广告里说的那样，健康是你财产的无数个零前面那个一，没有了这个一，有多少个零也是无用。

其实，休息除了能够保证健康的身体，同时还是为了更好地投入工作。没有头绪的瞎忙，总不会比休息好了全神贯注做事产生更好的效果。偶尔在忙碌的工作中给自己留一点空白，不仅能够养精蓄锐，更能够帮助你理清思路，规划未来，也许还能够在不经意间激发深潜在头脑中的灵感，达到事半功倍的效果。

你的职场 >>>

对于工作狂来说，他们焦头烂额的状态很多时候是不懂得工作中的取舍而造成的，往往付出了大量时间和精力，却收效甚微。为了不让自己被边际效用递减规律套牢，需要遵循以下几个原则：

第一，剪掉冗余，多做实事。职场中与其将自己的时间花费在那些虚的门面上，不如将冗余繁杂的程序能简则简，留出时间多做实事，脚踏实地将自己的本职工作做好。

第二，分清轻重缓急，合理规划时间。很多时候，出现忙乱不堪的情况是因为一个人手头有许多事要做，却分不清轻重缓急，想要同时去做，却心有余而力不足，只能越忙越乱。不如给自己一点时间，放松下来，给工作排排队，最急最重的排在前面，同时也留给进展缓慢的“硬骨头”一个较长的完成周期，其余琐碎则可充分利用零散时间去做。合理规划时间，“磨刀不误砍柴工”。

第三，将复杂的事情简单化。一个任务总有多种方法去完成，但是最好的方法一般来说只有一种，那么如何找到这条又好又快的捷径？这就需要职场人肯花时间去思考，而不是急于着手去做。然而这个环节少有人愿意花时间去做，因为它并不像其他动手环节一样立刻能出成绩，但是如果肯花时间做好事先的思考和规划，就能为后面的实施节省大量时间，这个时候，就需要职场人拿出一点魄力来面对压力。

第四，放空自己，给更多的新鲜想法腾位置。有得有失，得失相伴，当你满脑子都是老路子旧想法时，哪里还有空间给新创意发芽结果呢？调整工作节奏，有松有紧，张弛有度，留一点空间给将至未至的灵感。

职场“套中人”，解脱靠自己

在职场中，心思缜密的人做事周全，少有疏漏，对人周到，处处贴心，这样的人容易受上司和同事的欢迎，上司觉得他办事牢靠，不必再三叮嘱，同事觉得他“会办事”，事情做得让人心里熨贴。然而这种细腻缜密同样要保持在一个度上，太过者会让人觉得城府太深，思虑过重，易遭疏远。对于自己也是一种负担，凡事但求面面俱到，每日被各种琐碎事缠身；凡事力求完美，为自己设定各种目标标准，如作茧自缚，将自己套牢，在不知不觉中沦为职场“套中人”。

这些人背负着各式各样的精神负担，然后将自己陷入职场中的条条框框，举步维艰又茫然无措。就像契诃夫的短篇小说《小职员之死》中的小职员，因为自己不小心的一个喷嚏，唾液溅到上司的身上，而惴惴不安，最后丢了性命。这个故事虽然有些夸张，但是确实反映出职场中某些人的心态。

他们的职场 >>>

于洁很苦恼，为什么办公室里的其他人看着整天那么乐观，就连做错了事也能“阿Q”一下，而自己总是处于焦虑之中，不停地想着“我肯定不行”，“这个报告就算写完，领导也一定不会满意”，“新方案我肯定不适应”，“我干得再卖命也没人会表扬”。像于洁这样的职场人遇事常常瞻前顾后，摇摆不定，大部分精力耗费在无谓的思虑中，难以安心工作。

挣脱这种消极枷锁的方法是培养出积极的行动方式。遇到事情，积极努力去做，不要考虑后果和反馈的意见，一件事接着一件事去做，当体验到成功时，就会消除像于洁这样的焦虑。

你的职场 >>>

职场“套中人”完全可以通过自我调节，打破心灵上的重重枷锁，重新获得职场上自由。

进行自我调节，最重要的一点是肯定自我，不管别人怎么想。“穿这套衣服上班，会不会太过性感？别人会不会认为我卖弄风情呢？”“今天加班，别人会不会认为我是故意表现呢？”“和领导正好坐在一起吃了个午饭，别人会不会误会打小报告的人是我呢？”“如果我提出自己建议，会不会被别人嘲笑呢？”太多的“别人”，让人终日进退维谷，被压得喘不过气来。

改善这种情况最根本的方法就是在职场中建立起内在的自信心。首先要学会在小事上发现自己“优于别人”的价值，比如“他那么多的点子，但是没我会砍价”“这个报告我交得比较早、我比他更有效率”。然后还要学会“以自己为中心”地做一些职场中的小决定，比如“办公桌上摆几盆花会让自己工作时心情好一点”“明天下午约同事去逛街，索性今天加班多干一点吧”“这项工作不太重要，不妨稍微往后放放！”这些看似微不足道的小事情可以帮助你将注意力逐渐集中到“完成任务”的根本宗旨上采，从而一点点摆脱“别人”的操控与束缚。

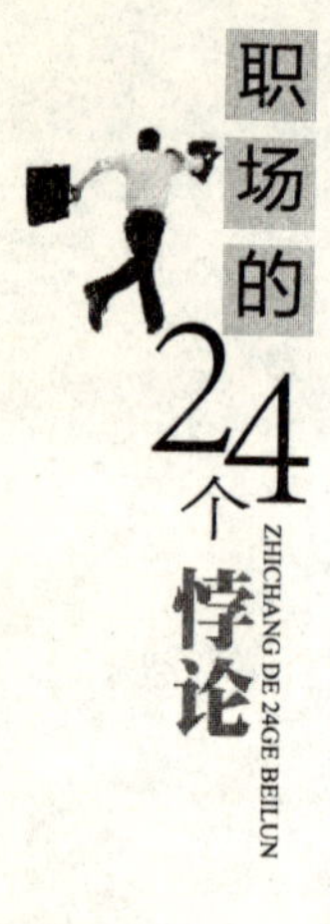

14 智猪悖论

——多付出并不多得

猪圈里有大小两头猪，首先假设这两头猪都是有着认识和实现自身利益的充分理性的“智猪”，它们在同一个食槽里进食。猪圈一头安装了一个控制饲料供应的踏板，另一头是饲料的出口和食槽。只要踩一下踏板，另一头就会有10份饲料进槽，但是踩踏板，以及跑到食槽所需要付出的“劳动”，加起来的消耗相当于2份饲料。

这两头猪可以选择以下两个策略：要么自己去踩踏板，要么等待另一头猪去踩踏板。因为某一头猪选择自己去踩踏板，这样不仅要付出劳动，消耗自己相当于2份饲料的体力，而且由于踏板远离饲料，它将比另一头猪后到食槽边，还少吃一定数量的饲料。

如果假定：小猪踩踏板，那么大猪先到食槽，这样大猪吃到9份饲料的话，小猪只能吃到1份饲料，最后大小猪的收益比为9：-1；若大猪踩踏板，小猪先到食槽，大猪和小猪将分别吃到6份和4份饲料，双方的收益比为4：4；如果两头猪同时踩踏板，同时跑向食槽，大猪吃到7份饲料，小猪吃到3份饲料，那么双方的收益比为5：1；可是假如两头猪都选择等待对方去踩踏板，就都吃不到饲料，即双方的收益率均为0。在这一情境中，对比几种结果，小猪的最优方案就是被动等待，因为任何一种行动方案的最终收益都不如等待大猪行动的结果高，对小猪来说，行动不如等待。这显然与我们一贯认为的“多劳多得”相悖,这就是“智猪悖论”。

那么职场中，作为一名员工将如何选择？是做大猪埋头付出“劳动”，还是做一只等待的小猪？难道没有一个让两只猪跑起来的方案吗？如果真的做到“多劳多得”是不是就能让大猪和小猪都能够跑起来，用行动去争取饲料？

事实上，能否尽可能杜绝小猪偷懒却和大猪一样获利的现象，就要看游戏规则的核心指标设置是否合适。在上面的智猪悖论假设中，核心指标是：每次落下的饲料数量和踏板与饲料出口之间的距离。如果改变一下核心指标，猪圈里还会出现“小猪躺着大猪跑”才能达到均衡的现象吗？

改变一：饲料减量。饲料减少为原来一半的分量。结果是小猪大猪都不去踩踏板了。小猪去踩，大猪将会把饲料吃完；大猪去踩，小猪将会把饲料吃完。谁去踩踏板，就意味着为对方做出贡献，自己没有任何的获利，这样谁也不会有踩踏板的动力了。

改变二：增加饲料。饲料增加为原来的两倍甚至更多。结果是小猪大猪都会去踩踏板。谁想吃，谁就会去踩踏板。反正对方不会一次把饲料吃完，去晚了也有充足的饲料吃。小猪和大猪相当于生活在物质极为丰富的条件下，也没有很强的动机去踩踏板，反正什么时候去踩都会有食物。

改变三：减少饲料 + 移位。饲料减少为原来的一半，但同时将饲料的出口移到踏板附近。结果是，小猪和大猪都抢着踩踏板。资源有限，等待者不得食，多劳多得。

显然在职场中第三种模式能够充分调动下属的积极性，这就给职场管理者提出了要求：谨慎制定规则，以充分调动员工积极性，避免多劳少得或少劳多得的不公现象。

“小猪”：准确分析，力取不如智取

“小猪”相比“大猪”来说，力气小，速度慢，所占资源相对较少。在职场中，“小猪”指的就是那些能力或地位有限但是工作态度认真，做事方法比较灵活的一些人。对这样的人来说，虽然一些大项目大任务利润丰厚，但是他们没有足够的能力接手去做，如果硬是拉弓上马，可能不但自己无法消化，而且还会容易将事情搞砸，不但无法为公司赢利还会造成损失。

其实职场中的员工只要工作态度勤恳，愿意努力去付出，就算他的能力有所欠缺，也还是可以找到属于自己的位置。就像“小猪”，它的力气小，但是很灵活，而且占用资源少。虽然不能勉强它去做重体力活，但是可以将一些需要灵活性的事情交给它。

职场中有各种各样的“大猪”“小猪”，他们都有各自的优点和缺点。比如“大猪”虽然能力强，但是可能灵活性差点，与人交往方面会有所欠缺，让“大猪”去公关，就可能误事；“小猪”虽然技能方面不强，技术不那么精深，但是头脑灵活，进退自如。所以职场中就要平衡“大猪”和“小猪”的优势，将二者结合起来。

“小猪”适合用自己灵活的脑筋去争取客户，拿来利润丰厚的项目，而“大猪”可以凭借自己过硬的技术努力完成项目。这样“大猪”和“小猪”才能达到双赢的目的，共同从职场中获利。

他们的职场

王根水在一家国企当经理，他是个头脑灵活的人，搞起人际关系游刃有余。但是对于技术他就不擅长，用他自己话说：“从大学开始，我的成绩就不是很好。我确实不喜欢坐在那里埋头背东西，但是我喜欢和人打交道，让我东跑西跑去办事，我就愿意。所以大学期间，我一直是学生会的核心成员，学习没有出成绩，但是社会实践工作让我拿了不少奖。”

王根水工作已经 5 年了，一直奉行着做一只游刃有余的“小猪”的原则，凭借自己的巧嘴和灵活的处事方式“讨工程”，讨来的工程自己一般不会去做，而是交给那些实干经验丰富的经理带团去做。虽然大多数的工程自己都没有参与实施，但是自己的地位却远比那些实干的经理高出许多。“让我揽工程还可以，我的那点水平也就能通过嘴皮子说服别人将工程交给我们，但是你要我去做工程，头都大了！陈经理他们的确有实力，有技术，但是实力和技术只在有工程做的时候才有用嘛！所以怎么能说我没有出力，我们这不是最好的合作吗？”

王根水说得有道理。他因为缺少实干经验和技术，所以在工程公司只能做“小猪”，但是凭借自己的一张三寸不烂之舌和人际关系圈子，他可以揽到项目，虽然自己无法接手，却可以跟陈经理这样的业内“大猪”合作。这样获取的利润大部分给陈经理和他的技术团队，而王根水只要拿一些介绍费就可以“吃饱”。这对于职场的“小猪”来说，无疑是一种智慧，对于大工程大项目，当力有不逮的时候，就不要力取，而是利用自己现有的优势，准确分析判断，进行智取。这样不仅可以轻松完成任务，还可以减少风险，省去很多麻烦。

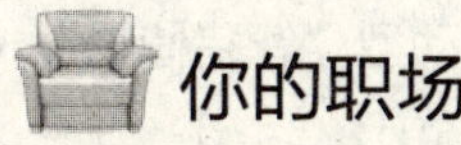

你的职场 >>

要想做一只游刃有余的“小猪”，就要遵循以下几条原则：

首先，职场中的“小猪”虽然能力有限，但是必须有自己擅长的地方，即便你承认自己是“小猪”，很多事情力有不逮，也不能所有事情都以此为理由搪塞。“小猪”能力有限，所以要灵活智取，但不代表“小猪”就一直“小”下去，任何人都可以通过学习和努力使自己成长壮大起来，

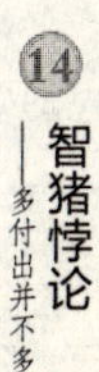

变成独当一面的“大猪”。

第二，正因“小猪”能力有限，所以需要与人合作来完成任务。那么除了拥有让对方同自己合作的价值，也就是自己擅长之处，同时还要有慧眼识珠的本领，找对合作搭档。如果“小猪”没能准确判断，找了一个同样是“小猪”的队友，那么合作将会进行得异常艰难，甚至中途夭折，因为两只“小猪”的力量也无法撑起“大猪”的责任。

第三，既然“小猪”不得不与“大猪”合作，那么就必须拿出合作的诚意来，态度需要谨慎而谦虚。毕竟“大猪”的工作能力比自己强，那么在合作利润的分配上，“小猪”就要有自知之明，明知自己出力有限还要抢占大部分利润，将会失去未来的合作伙伴，导致自己“饿死”。

做“大猪”固然辛苦，但“小猪”其实也并不轻松。总之，无论在职场中是“大猪”还是“小猪”，团队合作总是好的选择。

“大猪”：让大家看到我的付出

职场中有这样一些人，他们工作十分卖力，经常加班加点地工作，自身能力也不差，但是由于自己默默无闻，任劳任怨，又缺乏表现力，常常是在角落里默默做事不被关注，上司看不到他们的努力，同事把他们的承担当作理所当然。这就导致这些人做得却回报少，同时自然产生了一批做得少却有同样回报的人，由此产生了主动型“智猪悖论”。

他们的职场 >>>

曹斌在一家公司的发展部工作，部门由5个人组成，这5个人还分了3个等级：部门经理1人、经理助理1人、普通干事3人。曹斌正好是经理助理，处于中间级别。

经理的任务就是发号施令，很少做事，他的任务常常是一句话交待给曹斌，但是曹斌却无法交待给别人。因为三个普通干事一个年纪比曹斌年长，一个是经理的“老兵”，还有一个刚来的小姑娘能力有限，根本无法放心把事情交给她。曹斌只能无奈地叹息，自己1个人被当做5个人用，加班加点完成上司指派的任务。

更让他想不到的是，由于事事都是他出面，其他部门的同事渐渐认准了：只要找发展部办事，就找曹斌，渐渐地甚至老总都不用再向经理指派任务，往往直接就把文件扔到曹斌的桌子上。曹斌的办公桌上文件越堆越高，而且，连下属都开始给他派活了。

因此，就形成这样的局面：一上班，曹斌就像陀螺一样转个不停；上司则躲在办公室里打电话，还美其名曰“联系客户”；而其他同事或者玩玩游戏，或者去经理办公室聊天，大家都依赖着他一个人。年底发展部业绩出色，上级奖励了6万元，经理独得2万元，曹斌和三个普通干事各得1万元。想想自己辛劳整年，却和不劳而获的人所得一样，曹斌满心不平，但是自己又能怎么办呢？如果他也不做，不仅连这1万元也得不到，说不定还会下岗，想来想去，只有继续当“大猪”。

长久以来，不少人都信奉“沉默是金”“埋头苦干”这样的信条，殊不知，就是这样的想法使很多人终生碌碌无为，失去了一展抱负的机会。诚然，有时“埋头苦干”确实可以收获成功，但并非是百试不爽的灵丹妙药，尤其是在现今竞争异常激烈的职场之中，选择成为“埋头苦干”的“大猪”是不甚明智的。

“大猪”只是埋头工作，不会打理人脉关系，不在意展现自己，认为只要是金子终会发光，可是光芒却常常让“小猪”给抢了过去。

你的职场 >>>

如果你是“智猪悖论”中的“大猪”，则可采取以下策略：

首先要接受小猪。任何单位都会存在小猪，认清这个事实。既然你确实不会公关、不会搭建人脉关系，那么交给小猪好了，不要自己心理不平衡，只是分工不同而已。这样在职场上大猪就会少一些抱怨，多一些积极地心态。

其次，锻炼自己的表现力，及时将你的才能恰到好处地表现出来，你的付出要让你的上司以及公司老板看到，是金子一定会发光，但是在这个瞬息万变的时代，你等不起。千里马常有伯乐不常有，还是努力表现，做自己的伯乐吧。

再次，要有自己的原则，有自己的底线，不能当万金油。好钢用在刀刃上，要做发挥自己才能的工作，像上面故事中的曹斌，拿个打印文件这样跑腿的事情都亲自做，不仅浪费了自己的时间，还给同事留下一个没有原则的印象。

当然，身在竞争激烈的职场中，最理想的做法就是，既要能做“大猪”，也要会做“小猪”。

15 买椟还珠悖论

——好酒也怕巷子深，人才更怕无人识

从前，楚国有一个珠宝商人，他在一次游历各国途中获得了一颗非常漂亮的珍珠。楚人决定将珍珠好好包装一下，以后卖个好价钱。

于是，他找来名贵的木材，又请来手艺高超的匠人，为珍珠做了一个精美的盒子，然后用桂椒香料把盒子熏香。他还花重金让人在盒子的外面雕刻了许多精致的花纹，镶上漂亮的装饰。最后，盒子成了一件精致美观的工艺品。楚人将珍珠小心翼翼地放进盒子里，拿到市场上去卖。

到市场上不久，他手中的盒子就吸引了很多人。一个郑国人一眼看中，出高价将盒子买了下来。郑人交过钱后，便拿着盒子往远处走。可是没走多远他又回来了，楚人很纳闷。只见那个郑人将盒子里的珍珠取出来交给楚人，自己只拿了一个空盒子走了。

这个故事讲的就是“买椟还珠”。人们常常用它来讽刺只重外表而不重实质、本末倒置的人。职场中这样的现象不在少数。在招聘时，许多企业将目光过多集中于应聘者的形象上，甚至直接在招聘启事中标明外形容貌上的要求，却对岗位需要的内在能力和技能表述不清，含糊其辞，将许多能力出众而外表平凡的人才挡在门外。有需求就有对策，这

种现象导致许多毕业生不惜重金购买职业套装和整容，以此作为找工作的前期“投资”，在外表上花的功夫远远超过了对自身能力的打磨。

重能力，也不要忽视了你的职业形象

合格的员工不仅应具备过硬的专业素质和优秀的办事能力，还应该严于律己，遵守办公室礼仪，以良好职业形象展示于人。

他们的职场

吴瑶瑶和男朋友一起来到北京打工，为了节约生活开支，两人在通州租房，每天清晨5点多就起床，一路城铁、地铁、公交，花上两个多小时才能到单位。一天，上司早上召集大家开会，吴瑶瑶因为堵车迟到了20分钟。上司面沉如水，问她迟到的原因。吴瑶瑶忙解释自己住在通州，距离有多远，路上要怎样换车，路上堵车如何严重云云。不待她说完，上司直接打断了她：“你还不如住天津呢，坐火车，半个小时就到了！”吴瑶瑶当时语塞。

职场中，往往从细节中能看出一个人的品质和态度。如果你认真对待上下班时间这样的细节，把它看成是检验自己工作态度和敬业精神的标尺，看成是处理你与单位关系的基本规则，关系自己的职业前景，就一定有办法早几分钟走进办公室。除了守时之外，同事之间的问候也是上下班过程中应当注意的礼仪。无论熟悉到什么程度，每天的问候和寒暄都是必不可少的，是人际关系的润滑剂。

你的职场 >>

办公室礼仪，包括以下细节：

坐姿、站姿端正不懒散；

外表洁净、整齐、端庄；

工作态度积极主动，始终给人以精力旺盛的印象；

求同事帮忙以礼为先，用词客气，如果同事没有帮助你，要体谅对方；

经常使用“您”“您好”“谢谢”“请”“对不起”“抱歉”等礼貌用语；

对领导和长辈在语气和行为上多加尊重；

保持自己的办公桌干净整洁，不弄乱别人的东西；

工作时间不闲聊，不偷听别人谈话，不在背后议论别人，不谈论别人的隐私；

不在办公室大声喧哗，影响他人工作；

不私自拆开别人的信件、包裹等个人物品；

开会时把手机关机或者调到静音状态，认真听与会者的说话。

厘清职场中的“珠”和“椟”

厘清职场中的“珠”和“椟”有助于帮助你打造不一样的职业气质，为你树立与众不同的职业气质，最终会影响到你的职业发展。除了要修饰你外在的职业形象，必须要随时保养你的心灵。你的内心世界有多宽，你的职业修养有多深，你的职业境界有多高，你的职业魅力就会有多大。职业风度大都是由书籍装饰的，是由自信涵养的。职场上灵与肉的完美组合，表现出来的就是职场风度。

他们的职场 >>>

吴老师无论科研还是教学能力都很突出。可是不太注重穿着，永远是那一件说灰有点咖的夹克，头发也总是乱糟糟的，胡子很少剔。同学们戏称他为“犀利哥”。其实吴老师的课讲得很精彩，同学们都很喜欢。可是期末考试后，吴老师发现学生给他的网评分数很低，这不但影响到年底的绩效工资，而且对他内心打击很大。吴老师自认为无论是备课还是课中课后都很用心，平时和同学们的关系也是很融洽，怎么网评这么差？

直到有一天，有位女生有些羞怯地送给他一件礼物，他才明白。原来这位女学生送了一件休闲风格的外套，附带一张纸条：吴老师，我们大家都很喜欢您，觉得您风趣幽默，又十分平易近人，如果您能稍微注意一下您的穿着，我们会更加喜欢您，这件衣服是我们集体给您买的，希望您喜欢！

吴老师十分震惊，也很羞愧。他一直以为只要自己有能力，没有必要花费那么多心思在穿着上，那件衣服吴老师从来没有穿过，但是从那以后他再次上课总是穿得正式体面，每次上课前也会修修脸，梳梳头发。

内在的修养和能力就好比是“珠”，可是成色再好的“珠”装在一个破旧不堪的“椟”中，也很难引起别人的关注，因为没有人会想到，破破烂烂的盒子中会有一颗璀璨的珍珠。吴老师内在的学问以及用心的教导都是“珠”，可是他不修边幅，用“犀利哥”的形象将自己的才能掩盖住，当然会让学生难以接受。所以，内在的才能虽重要，也不能忽视了“椟”的作用。

你的职场 >>>

那么，究竟什么是职场中的“珠”和“椟”？

（1）职场中的“珠”

职场中的“珠”是你所拥有的技能和其他有助于你在职场中生存和发展的能力，这些能力决定你的实力，是职场生存的最基本因素。买椟还珠不可能常常发生在职场中，一个没有任何能力的“花瓶”，难以在职场中长久存活。

如果你具备一项别人没有的技能，或者你是电脑高手，任何电脑问题经过你的手迎刃而解；或者你具备别人所不及的公关能力，没有你搞不定的客户；或者你的文笔很好，不但能写报告、领导人演讲稿，还经常在杂志刊物上发表文章；或者你能够左右逢源，协调并化解任何紧张的关系，但凡其中任何一项技能，都能让你立足于职场而不败。

（2）职场中的“椟”

职场的“椟”就是职场形象和气质。职场上你所有的面部表情和言行举止都在诠释你对自己职业的理解。你的职业精神会以你的职业形象上反映出来。

无论是“珠”还是“椟”，在职场中都不可或缺，缺少了“珠”，“椟”没有了依存价值；如果缺少了“椟”，那么“珠”就黯然失色。没有内涵、没有能力的人，在职场中难以箕存活，有价值、有能力的人，如果不注重形象，那么他的内涵和能力也可能埋没在邋遢的外表之下。

最完美的做法是将“珠”和“椟”完美又巧妙地结合起来。首先，你的“椟”不要过于抢眼，最好是处于配合、衬托“珠”的位置。你可以有着优雅的气质，但是不要穿着太过抢眼；你可以心态很好，很乐观、很积极，但是不可太过张扬、太过大大咧咧，不管不顾。其次，你的“椟”要适时让位于“珠”。如果你很有才华，有别人所不及的才能，可以在适当的时候，秀一把，这时你的气质和形象要尽量的低调，才能配合并凸显你的才能。

16 全能悖论

——追求完美，让你的职场不完美

基督教经典神论认为，上帝是最高的存在，无所不能。

然而对于这样一个全能的上帝，有人推出了这样一个问题：上帝能不能造出自己举不起来的大石头？如果回答“能”，则说明有上帝举不起来的石头，这与“全能”相悖；而回答“不能”，则说明有上帝造不出来的东西，依然与“全能”相悖。所以这个问题无论如何回答最终都会陷入自相矛盾之中。这就是著名的“全能悖论”。

问题出在“上帝全能”这一前提上，前提是伪命题，必然导致结论陷于混乱之中。事实上，没有什么是全能的，完美无缺的人或事物并不存在。在职场中也是一样，每个人都是优点和缺点的结合体，只能在不断学习和进步中完善自己，趋近完美。如果一味用完美来要求自己，就会陷入“完美”与“不完美”的纠结之中难以自拔。

职场留白，留给自己更多空间

中国传统文化认为“过满则溢”，主张留白，留有余地，这一点尤其体现在国画水墨画上，那些留白为画者留了一点改变的空间，为他人留了一点想象的空间。职场中的人也应该为自己留一些空白，这样不仅能够让自己在走错方向时及时刹车，也能够有更多停下来思考的时间。人人都渴望成功，很多人在奋斗过程中一个劲地猛冲，一些人冲到了终点，但更多的人在还没有到达目的地时就已倒下。

他们的职场 >>>

林溪在北京漂泊了很多年，一直因为自己学历不高，发展空间受到限制而闷闷不乐。终于她下定决心,无论多辛苦也要在工作之余努力学习，考上名校的研究生。为此，她每天5点钟就起床复习功课。每天上下班的两个小时车程，她也不放过，坚持在地铁拥挤的人群里埋头看书。

在学习的同时，她并没有放下工作。在单位里，林溪也很要强，虽然文凭没有别人高，但是不服输的个性让她时刻敦促自己，凡事都要做到尽善尽美。所以她的绩效考核每个月都是排名第一，而且她还经常超额完成任务，为此领导对她赞赏有加。

忙碌的时候，林溪并没有把家庭责任放在一边。无论工作多么幸苦，每天回到家中，她都要抽出两个小时陪伴和辅导自己的儿子。等儿子入睡之后，她要么去复习考试，要么为了单位没有完成的工作而加班。

有时候，单位任务繁重，需要员工加班，她总是积极冲在前面，常常加班到深夜。回家后，又觉得陪孩子的时间少了，功课也落下了，为了拿出更多的时间去弥补，只好压缩自己的休息时间。这样不到半年，林溪开始频繁地出现头晕的症状，可是个性坚强的她总觉得咬咬牙就挺过去了，不能半途而废。所以林溪一直坚持着，头晕的时候就靠着墙边站一会儿，难受的时候就趴在桌上歇一歇。这样一直坚持到年底，就在考研的前几天，林溪病倒了，被送进医院，不得不卧床修养，因而错过了她期盼已久的研究生考试。这让她心灰意冷,觉得自己白白坚持了大半年，最终却因为身体而功亏一篑。

林溪直到倒在病床上还在叹息自己的身体不争气，觉得是身体原因错过了考试。但是她却没有去想，导致自己病倒的原因是什么，而这个原因才是林溪没有达到目标的真正原因。林溪只顾加速，将自己的生活和工作安排得满满的，没有给自己任何的余地，甚至没有丝毫喘气的机会。考研只是一个契机，使这种心态的弊端充分暴露出来，即便没有考研这件事，在林溪如此不珍惜自己，不给自己留余地的安排下，她的生活也是迟早要出问题的。

人的精力有限，要做的事情却数不清，不可能每一件都做到尽善尽美。生活就像是一张画，如果强迫自己面面俱到，将整张画布处处填上各种各样的色块，那这画也就没法看了。

你的职场 >>

现代社会生活节奏不断加快，人们越来越以快为优，一切以效率为先。合理利用每一分钟，成为了现代职场中的流行语，成为职场人的座右铭。殊不知，“利用”并非占满，留白也是一种合理利用，给自己留一点空间，它会给你带来许多助益。

给自己留一点空间，工作中就多一点可能。工作狂很多时候就像被蒙上眼睛拉磨的驴子一样，他们兢兢业业，勤勤恳恳，却一直在盲目跟从：我该做什么就做什么，领导让我做什么我就做什么；至于如何去做，要么领导说了算，要么惯例说了算，要么经验说了算。这导致他们没有突破，也就没有进步。满满的工作日程让他们没有时间去思考，去规划，去寻求新的思路，去尝试新的方法。正是这种“满”限制了他们能力的发挥，给自己留一点空间，就是给自己留了一些可能。

给自己留一点空间，享受工作和生活。忙碌不是生活的全部，生活就像走路一样，快有快的效率，慢有慢的风景，单看你要的是哪个。难以说两种生活方式哪种更好，前者在获得速度的同时，却也错过了路上许多美好的东西。也许当你慢下来时，会发现工作中也有很多乐趣，会发现同事里也有和你志趣相投的人，会发现你的陪伴是孩子的生日心愿，会发现身体好了，心情轻松了。

你的完美剥夺了别人的展示机会

人们常常认为，能力是升职和加薪的关键。在这种观念的影响下，一些人往往只顾抢着去做出些漂亮业绩，想方设法将工作做得完美，一旦有些能出风头的工作便抢着干，在众人面前夸耀自己的能力和业绩，似乎他们比上司还要能干和出色。不把上司放在眼里，甚至还有一种取而代之的势头。然而这种人往往越有能力，越有业绩，工作越完美，升职的机会就越少。这是另一种意义上的全能悖论。

他们的职场

人力资源管理专员曹俊逸工作3年了，能干又努力，人缘也非常不错，可三年来仍旧原地踏步，难上一个台阶。

曹俊逸是能干，但上司就是不喜欢他，因为他在小节上从不考虑上司的感受：每次开会老板都指定曹俊逸做会议记录。曹俊逸整理出来后从来不会让顶头主管李刚过目就直接上交老板；他帮助其他部门做事，从不事先请示李刚是否还有更重要的工作分配给他做。所以，他虽然得到了好口碑，但上司李刚却对此很有意见。

有一次，部门要买个投影仪，李刚让他询价做性价比，然后准备购买一台，曹俊逸拿到供应商资料后多方比较，自作主张就订了货，还对李刚说出一大串理由，表现他做事是多么的圆满。然而，在看到又一个

同事加薪和升职后，曹俊逸只能说：唉，领导真是瞎了眼了。

其实领导心里明白得很，他关注你的能力，更关注你的完美是否会对他产生威胁。如果你做事自作主张，根本不去请示他，那他会觉得你完全没有把他放在眼里，觊觎他的位置，想将他取而代之，自然他对你很反感，不但处处对你设防，还会想尽办法压制你，你又如何进一步发展？

你的职场

在职场中，那些表现出色，从不出差错，也不需要上级来指点的人，并不一定能得到重用和认可，甚至领导并不喜欢。因为面对你的完美，领导无法显示他的才干。这时候，完美就是你的缺点。倒是那些大错不犯、小错不断，又经常请示领导，给领导“添麻烦”的人却容易获得更多机会，因为他给老板预留了发挥的空间，让领导很有成就感，即便日后升了职也会被骄傲地冠名为“我培养出来的”。有时候，满足一下领导的虚荣心也算剑走偏锋的一招。

17 哈定悲剧悖论

——职场的公共资源不用白不用?

当固定的一片草原向该区域牧民完全开放时，每一个牧民都想多养一头牛。因为对于单个牧民来说，增加一头牛会增加其家庭收入。但是如果所有的牧民都想通过增加一头牛来增加收入，那么将导致过度放牧，植被将会遭到破坏，从而不能满足所有牛的需要，导致牧民的牛饿死。这就是公共资源的悲剧。由于这一命题由美国生态学家哈定提出，所以也叫哈定悲剧。

关于哈定悲剧产生的原因，哈定指出："在共享公有物的社会中，每个人，也就是所有人都追求各自的最大利益。这就是悲剧所在。每个人都被锁定在一个迫使他在有限范围内无节制地增加牲畜的制度中。毁灭是所有人奔向的目的地。"

由此看来，哈定悲剧给人们最大的启示在于：在个人理性与集体理性之间存在着一个冲突悖论，每个人都是自私的，当我们每个人按照自己的利益原则来行动的时候，整个集体所表现出来的就是一种无序的状态。无论你个人怎么努力，集体的无序状态也会破坏你的劳动成果，因为每个人的利益偏好是不一样的。如果存在群体行动的话，那么群体性行动在没有指导的情况下注定是一场悲剧。

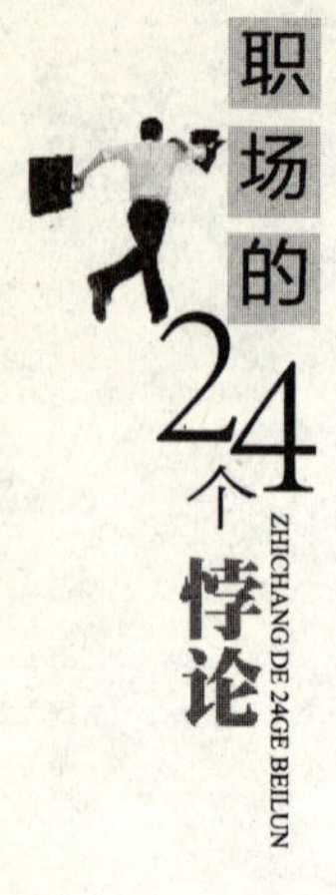

防止公共资源悲剧发生的办法有两种：一是制度规范，即建立中心化的权力机构；第二种便是道德约束，道德约束与非中心化的奖惩联系在一起。

职场中这样的现象也普遍存在，单位的电话可以用来打私人长途，手机尽量在单位充电；需要打印的时候也是在单位解决，甚至将单位的纸拿回家使用；办公区的卫生间的纸，不到两天就用光；打印机卡纸，用脚踢，用拳砸。公共资源被损坏的悲剧还是每天都在上演着。

爱护公共资源，才能共赢

他们的职场 >>>

企业的公共资源需要每一个人去爱护，如果每一个人都抱有自私的想法，今天你拿走一些微不足道的小东西，明天他拿走一些不起眼的东西，久而久之单位不就被掏空了。

这些人不知道损害公共资源就是损害自己的利益。自己与单位休戚与共，单位发展良好，自己才能获利；单位的利益被损害，自己的利益也不会长久。

在职场中公私分明本来是每一个员工都应遵守的职业纪律和必备的职业道德。可总是会有人违反规则，他们动辄“一不小心”地将公共资源私有化，其实，正是这些看起来是微不足道的小节反映出一个人的职业道德的高低。

肖钦秦是一家企业的采购部职员。他看到企业定制的签字笔、复印纸异常精美，便不时地拿些回去，给他上学的儿子使用。这些东西被儿子的老师看见了，而该老师的丈夫恰好正是与这家企业有业务往来的高级主管。该高级主管听了这件事后，说道；“这家公司的风气太坏了，员工只想着自己而不是公司！这样的公司怎么能做好生意呢？”于是，他中止了与该企业的合作计划。

企业的合作计划被中止以后，老板大为恼火，下令调查此事。经过多方查证，最终，肖钦秦被揪了出来，他被开除了。

肖钦秦怎么也想不到自己不经意拿这些小东西回家竟然能让公司的合作伙伴知道。谁会想到生意的中断,竟然是由这件“小事”造成的呢?更想不到的是他会因为不经意的一个行为而丢了工作。

这虽然是不经意的小事，但是却反映出肖钦秦为了蝇头小利，损害企业“公共资源”的不道德行为。不要以为你做的事神不知鬼不觉，总会有人注意到你的。爱护企业的“公共资源”你在老板眼中才是可信的。

你的职场 >>>

有些人会利用上班时间，利用单位的资源干私活，认为这不是损害单位的“公共资源”。其实公司付给你的薪水是到下班为止，即使是下班前一分钟也不应该做与工作无关的事。

上班时间不做私事不干私活，这是公司对每一位员工最起码的要求。许多人总是不以为然,在办公家里打私人电话、发私人传真、因私事网聊、玩电脑游戏，甚至接私活等等，这些看似无伤大雅的小事，实际上你的这些私事，占用了公司工作的时间，过多的侵占了付给你的薪水，这是每个老板都不愿意看到的。

企业是讲求效益的地方，任何投入必须紧紧围绕着产出来进行。占用企业的时间处理私人事，无疑是在浪费企业的资源和时间。如果你有在工作期间处理私人事务的习惯，老板就会觉得你不够忠诚和敬业。如果老板有了这样的想法，不要说得到重用，就是离背包走人的时候不远了。

懂职场规则，才能成功

要想在职场游刃有余，就必须懂职场规则。遵守规则，绕过禁区，才能够用最小的付出获得最大的收益。职场规则下人人平等，任何人都不能例外。职场中有一些显规则，即那些大家都知道，都遵守的明文规定；还有一些潜规则，潜规则表面上没有形成既定的规则，但是一旦深入就会发现有些雷区不能碰触，比如不可以搞办公室恋情，还比如领导的隐私不可传播等等。

具体来说，显规则和潜规则有以下特点：

显规则：许多职场人士自认为学历高、能力强，而要求得到公司的重用；而一旦没有找到合适的感觉，他就会有怀才不遇的感觉，甚至马上跳槽。这是员工在职场的一种显规则。可是对于用人单位却不是这样，用人单位的显规则是如果你能够为企业做出成绩，有助于企业获得收益，那么你将会在职场中有发展和提升的空间，才会得到公司的重用，这并不是你的学历高低或者你自认为的能力高低来决定的。

潜规则：不能公开的比较隐秘的规则，比如你需要通过送礼才能拉近与上司的关系，获得一次出国学习的机会；或者上司有些事情自己没把握，交给你去处理，你做得好就是上司的功劳，做得不好，就是你这个下属的过失，这个时候你不能跟上司抢功，也不能推卸责任，跟上司撕破脸。

他们的职场

雨轩是个爽朗能干的女孩，大学毕业后，经过三年的努力打拼，已成为一家专为投资机构开发证券应用软件的科技公司的技术骨干。

她最近到职业规划师处做咨询。雨轩前来咨询并不是因为没有发展目标，她所困惑的是为什么自己的工资一直保持三年前的水平。不管是自己的人际关系，还是这三年来对公司的付出，给公司带来的收益，都是有目共睹的。职业规划师听明情况以后，问雨轩和老板的关系怎么样。雨轩想想，说自己和老板一般只有工作上的接触。规划师立即指出了雨轩的问题所在："虽然你工作能力强，但与老板交流少，他没有看到你的付出和贡献，加薪也就无从说起。"

让老板看到你所创造的利润，这就是职场的潜规则。因为企业是老板的，你所做的一切都应该是为他创造利润，如果不能让老板知道你的付出和成果，那么一切也只是为他人做嫁衣。所以职场中人首先要了解规则，尤其是潜规则，才能知道自己朝哪个方向努力会有结果。

你的职场 >>>

刚刚踏入职场的年轻人总会有这样的想法："为什么公司要有这么多烦琐复杂的规则"，或者"有些规则太强人所难了"。这些人不愿意遵守规则，最终就可能被规则"请出局"。

职场也一样，你不能要求你的公司先适应你。任何成熟的公司总有它特定的运作方式，有经过日积月累而形成的特有氛围和传统，那便是公司的文化。无论你的思想多么前卫、有个性，如果想在职场中生存，就得学会遵守职场的规则。

18 棘轮效应

——职场惯性危机

棘轮效应，简单来说，是指一种单向的不可逆转的发展趋势。一种发展趋势一旦形成，就会带有惯性，倾向于向原来的方向继续发展，很难逆转，就像棘轮一样，只能向一个方向运动。棘轮效应最初用来说明经济学上的大众消费规律：人的消费习惯形成之后具有不可逆性，易于向上调整，而难于向下调整。这种习惯效应，使消费水平取决于相对收入水平，而非个人需求。消费者易于随收入的提高增加消费，但不易于随收入降低而减少消费，这与我们平时所说的"由俭入奢易，由奢入俭难"是一个道理。

在职场也是一样，当员工晋升到主管，就想着一定要成为部门经理，相应的自己的工作业绩、着装、出门的派头都要与经理相匹配，即便是囊中羞涩，也必然打肿脸充胖子；公司发展也是如此，从小公司做起，慢慢经过发展，到了一定的规模，就再难想象回到最初的模样；同事之间也如此，同事请求你的帮助，你痛快答应，那么以后该同事再遇到困难就会第一个想到你。这些都是职场的棘轮效应。

没有危机意识，就像温水中的青蛙

棘轮效应让人想起温水煮青蛙的实验：将一只青蛙扔进开水中，它能够下意识地跳出来；可是将一只青蛙放入冷水中，慢慢将水加热，直至青蛙被煮熟，它也不会跳出来。这也是一种棘轮效应，因为青蛙在冷水中一点一点习惯水温的增加，逐渐上升的水温麻醉了青蛙的感觉，当它意识到水温无法接受时已经太迟了。

他们的职场 >>>

职场中不少的人也如温水中的青蛙一般，没有危机意识，享受目前职场的惬意和舒适，没有想过自己有一天会离开，直到有一天这个职场一下子变了，习惯了舒适职场的人，只能被淘汰。

于伟华在17岁的时候，成绩很好，梦想着两年后能够考上大学，离开农村，到城市里开创一番新的天地。可是他的一位叔叔，通过各种关系，将于伟华安排进了县中心最大的一个农村信用社，这里位于县城的繁华地段，他每天坐在豪华的办公大厅里，享受着别人羡慕的眼光，这种闲适的生活消磨了他的志向。他每天喝喝茶、看看报纸，高兴了认真接待一下窗外的顾客，不高兴了就甩甩脸色。

好景不长，两年后信用社改革，将所有学历不足本科的人员清退，年纪大的买断工龄办了内退，年纪轻的要么补足内退所需的欠款，要么直接下岗。于伟华想补足内退所需的款项，没有办法只能下岗。

下岗之后的日子可想而知，没有文凭、没有技术，做个小买卖都没有资本，生活无以为继。

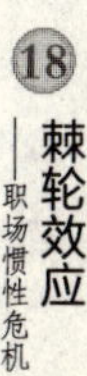

于伟华是典型的温水中的青蛙，没有危机意识。一次好的机会进入别人梦寐以求的单位，却不知道进取，安心享受着职场的安逸和舒适。如果于伟华进入信用社后，还是坚持学习，通过成人高考或自考一步一步地拿上本科学历，同时钻研自己的业务，成为信用社数一数二的业务能手，相信无论信用社怎样改革，他也不会变成开水中煮死的青蛙。

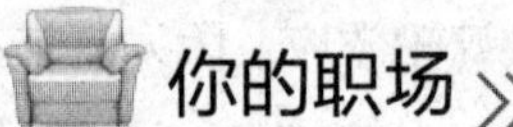

你的职场 >>>

职场中产生危机可能的原因是多种多样的。但是，危机的产生却有一个从“准备期”到“爆发期”的变化过程。也就是说，危机的发生都有预兆性。正所谓“冰冻三尺非一日之寒”，如果你有敏锐的洞察力，能根据日常收集到的各方面信息，对可能面临的危机进行预测，及时做好准备工作，并采取有效的防范措施，完全可以避免危机的发生或降低危机对你的损害和影响。职场中人要想做到防患于未然，需要做到以下几点：

第一，树立积极的危机意识。对职场危机有透彻而深入的认识，树立起危机意识。比尔·盖茨说“微软离破产永远只有 18 个月”；张瑞敏说“我每天的心情都是如履薄冰，如临深渊”。这些优秀企业领袖的危机意识值得学习。

第二，对行业动态保持敏锐的嗅觉。任何行业的发展都是瞬息万变的，再大的企业都有可能瞬间衰落，小公司也可能一日之间崛起。职场中人要紧绷这根弦，多多思考自己的发展瓶颈在哪里，随时准备“骑着马儿找马儿”，在危机来临之前为自己做好打算。所以职场中人要对自己所在的行业有敏锐的洞察力，除此之外还要关注国家与此相关的宏观调控、行业竞争动态、单位内部人事调动和老板的个人喜好等等，这些资讯可以通过新闻、行业杂志、同行前辈以及身边的同事来了解咨询。

帮助同事会让你陷入棘轮效应?

职场中，经常会遇到同事的求助，你该怎么办？如果帮助了同事，以后同事会不会不断地再烦你，请你帮忙？如果不帮，会不会得罪同事？这的确是令很多职场中的人感到头疼的一个问题。到底应该采取什么态度呢？

他们的职场 >>>

职场中有些女士非常重视同事间的交情，待人极其热心。同事夫妻不和，向她倾诉，她就充当“和事佬”，讲尽好话，决心要令其破镜重圆；同事妹妹过了适婚年龄仍然单身，她知道后主动请缨当红娘，把所有自己认识的未婚小伙子都拉去介绍给同事的妹妹认识；同事要约会、要办事，有未完成的工作往她桌上一放，她二话不说挽起袖子就干……她虽然是热心助人，但渐渐的工作之外的事情远远超过她能应付的范围，最后不得不搁置了许多工作，疲于帮助同事。可是同事们却不怎么领情，还送了给她一个外号“管家婆”。领导对于她搁置那么多工作也大为不满，说各人的工作就该各人做。这令她十分困惑，为什么一心助人却还落了一身不是？

故事中这位女士的问题就出在她没有把握好帮助人的“度”，她的热心施得太滥，也太过廉价，让人觉得她的帮助是理所当然甚至感到厌烦，最终导致了“费力不讨好”的局面。

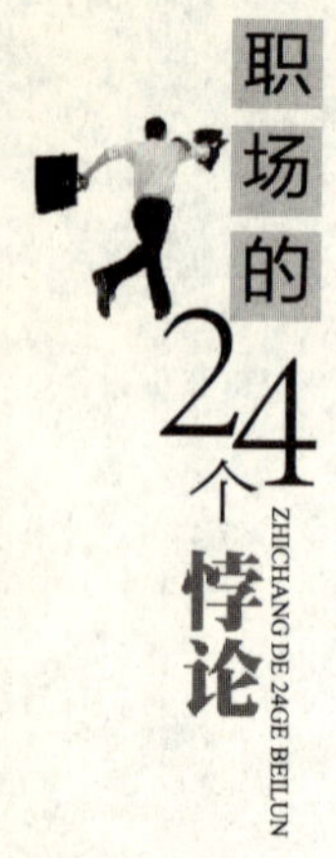

你的职场

生活中，工作认真、乐于助人的你，终日忙得团团转。除了本身的工作，你是不是还是“清道夫”，对其他同事的要求，一概接纳？

如果真是这样，不妨检讨一下，这样做是否经常弄得你透不过气来，要做超额的工作，还经常感觉费力不讨好，有些同事还当你是免费的劳动力，不想做的事都来请你帮忙？如果是这样，你就需要重新估计自己的能力和态度了。

首先,人总是需要休息的,要是你没有停下来喘息和“加油”的时间,对自己的工作甚至健康都会有影响。其次，同事也是不能纵惯的，一贯做“好人”帮助同事,可是时间久了同事反而不懂得珍惜,既辛苦了自己,也是吃力不讨好。所以，应该学会量力助人。

量力助人需要你预先估计一下，帮助别人的那件工作需要花多少时间，自己的能力和精力是否可以承受。如果不能，请婉转地拒绝。别把自己当超人，没有人可以长期在巨大压力下工作，适时解放自己。

有些人不仅热心,而且喜欢被别人依赖的感觉,喜欢听那句“没有你,我真不知道该怎么办！”然而这个时候，不要被所谓的“成就感”冲昏头脑，要弄清楚同事依赖你，并不代表你所在的企业依赖你；同事离不开你，并不代表你的企业离不开你。甚至会有人觉得你好大喜功，喜欢控制别人。

但是，如果你厉声正色，严厉拒绝同事的求助，表示你不会待他如过去般迁就，请他凡事自己解决。这样只会弄巧成拙，你的同事一定以为你开始嫌他、烦他，或是要独自邀功，对你的好印象会大打折扣。

不妨婉转和间接地拒绝。对方再次要求你照例伸出援手时，可以真诚地微笑着说：“其实这件事很简单，你一定可以应付自如的，被我的意见左右可能反而不妙。要不你自己试试看？”这番话是在间接提醒他：第一，这件事是他的份内之事而非你的，他有责任独立完成；第二，作为一个合格的职场人，必须独立、自信。而且，这样说也不会损及大家的情谊。

总之，职场中帮助人要因时、因事、因人而异，还要掌握一定的技巧，热心也要有度，这样在为你赢得好人缘的同时，不会给你带来太大压力，使助人成为沉重的包袱。

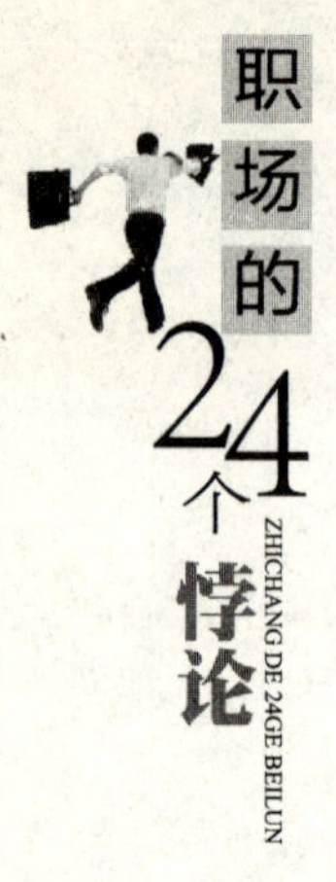

19 鸟笼效应
——“匹配”的力量

鸟笼效应是指，如果一个人买了一个空的鸟笼放在自己家，一段时间以后，他一般会有两种选择：丢掉这个鸟笼，或者买一只鸟回来。这是事物对人的心理产生的一种潜在影响。鸟笼效应的发现者是美国心理学家詹姆斯，关于它的发现还有一个小故事。

1907 年，詹姆斯与好友卡尔森同时从哈佛大学退休。退休后的生活十分安闲，两个人经常在一起聊天，突发奇想，打起赌来。詹姆斯说：“老朋友，我敢打赌，过几天你会养只鸟。”卡尔森耸耸肩道：“我对鸟没兴趣，没有养鸟的想法。”詹姆斯就说：“你会养一只鸟儿的！”卡尔森不屑一顾：“不见得，我对此不感兴趣，你怎么让我养一只鸟儿？”

几天后，卡尔森过生日，詹姆斯把一个精致的鸟笼作为生日礼物送给卡尔森。卡尔森明白了朋友的意图，但是他仍然没有一丁点儿要养鸟的想法，因此笑着说：“我只当它是一件精美的工艺品！没那么容易上你的当。”于是，卡尔森把詹姆斯送的鸟笼当做摆饰放在自己的书桌旁。

从此以后，前来拜访的客人只要看见那只空鸟笼，都会问：“教授，您的鸟什么时候死了？”卡尔森只好解释说：“我从未养过鸟。”然而这样解释只会让客人们更加困惑。后来他解释烦了，只好买来一只鸟放在那个空鸟笼中。

在家中挂上一个空鸟笼，不但不会起到装饰的作用，相反会让人感觉别扭。即使主人不在意，来访的客人也都会注意到这一点，因此会惊讶地询问关于空鸟笼的事，或者即使不问，也会投之以怪异和质询的目光。这样，卡尔森就不得不去解释，但是，时间一长，他就感觉如此一而再再而三地进行解释实在是麻烦，所以他只能选择要么丢掉鸟笼，要么买只鸟回来与鸟笼相匹配。可是，鸟笼毕竟是好朋友的礼物，不好丢掉，这样，只剩下第二种选择了——买只鸟来与笼子相配套。

显然，买一只鸟要比起向每一个客人解释为什么有一只空鸟笼要简单得多。而且，心理学家认为，即使不需要向客人解释，长时间地面对一个空鸟笼也会对人的心理造成一定的压力，这种压力最后也会迫使鸟笼的主人买只鸟回来与鸟笼配套。

职场上也存在鸟笼效应。当一个人期望进入职场后有所晋升时，就会为晋升这个鸟笼，添加一些相应的努力工作、加强学习、强化人际关系等等与之相匹配的内容，这时鸟笼效应起到了积极的作用。职场中鸟笼效应有时也会起到消极的作用。当一个人得到了一定的职位之后，为了与这个身份相匹配，买了一块劳力士手表，然后他就会想买一辆宝马车，因为只有宝马车才能配得上那块劳力士手表。可是为了配宝马和劳力士，还需要买奢侈品牌的外套，为了搭配外套还需要买一个配得上的皮包……这种思维方式会让职场中的人堕入一种为寻找某种“匹配”而疲于奔命的境地，使自己遗忘初衷和本心。

人最难摆脱的是无谓的烦恼。许多人不正是先在自己的心里挂上一只笼子（目标或是欲望），然后再不由自主地往里面填一些东西（无谓的烦恼）吗？简单来说，鸟笼悖论就是人们在拥有了一件新的物品后，往往按理说会感到满足，但是事实往往与之相悖，不但不会感到满足，反而会产生一种心理需求，促使他们不断配置与这件新物品相适应的其他物品，以达到物品之间的平衡。

合理利用职场的“鸟笼”

他们的职场 >>>

于飞刚毕业后刚进广告公司时，误以为广告公司的文化必然是自由、开放、以特立独行为美。结果他为了凸显自己的“特殊”，特意刮了个光头，总穿奇装异服，还在会议中老总点名让他发言时，每次都停顿十秒以上，美其名曰：“我在思考。”

老总刚开始不知缘故，还会关心地问他是不是身体不舒服。但是他仍然自觉很有个性地回答：“没有，我不是身体不舒服，我只是需要思考的空间和时间。”几次下来，老总失去了耐心，严厉地批评了他。

其实于飞刚并不是不愿意和人讨论，但是他不了解人和人在交流时也是有鸟笼效应的。这里的鸟笼效应可以理解为一种预期，当对方抛来一个问句时，正常的心理预期是你对问题作出反应，问句是笼，回答是鸟，二者相匹配，才成为完整的交流。一般来说，当对方问话后，你停顿三秒以上的时间，就会引起对方的不舒服，对方会觉得这个停顿一定有理由，而于飞刚给出的理由并不符合正常的心理预期，会让人因不相信而感到被戏弄，对于高高在上的老总来说，无异于对他权威的挑衅。

而且，于飞刚的光头也引起众人的疑惑，每个同事看到后都会问他：“你最近失恋了吗？”这让于飞刚感到十分不耐烦。可见在生活和职场中及时给空着的鸟笼放进鸟儿是多么重要。

你的职场 »〉

在职场中，你也可以主动出击，适时展示自己，在老板心中挂上一个“鸟笼”，让他对你有一个好印象、好预期。当他相信你是个人才，有很高的工作能力，能够胜任高端的工作时，就会在布置任务时不自觉地想到你，为你这个“鸟笼”匹配合适的位置和任务。

那么，如何在上司心中挂上这样一个鸟笼呢？下面的建议可能会给你一点启发。

首先，多于上司沟通交流。虽然职场中人与人之间都是工作关系，但是上下级之间和同事之间还是有所不同，前者双方处于不平等的地位，关系更为严肃，需要遵循的规则更多，往往没有同事之间的随意和亲切。然而这不应该成为你疏远或躲避与上司接触的理由。只要以平常心对待他，态度诚恳不逾矩，上下级之间的交流也可以很愉快。多与上司交流可以避免工作中出现误会，还可以从上司那里学到很多东西；更为重要的是，交流可以让上司认识你，记住你，这样在分配任务时，他才有可能想得到你。

其次，厚积薄发，一鸣惊人。如果平时没有机会接触到上司，也无需着急。你可以利用这段“无名”期完善自己，不断提升自我，为未来的“出名”打好基础。俗话说“是金子总会发光”，通过何种途径“发光”暂且不论，首先需要明确的是，“发光”最基本的前提是“金子”。你有能力，可能会“发光”，也可能不会；但是你没有能力，就一定无法“发光”。所以打好基础，等待时机，不鸣则已，一鸣惊人。这“一鸣”所惊动的不仅有同事，更有平时不易接触的上司，通过这种方式你会在他心中留下深深的烙印，当相似任务出现时，他必然会想到你。

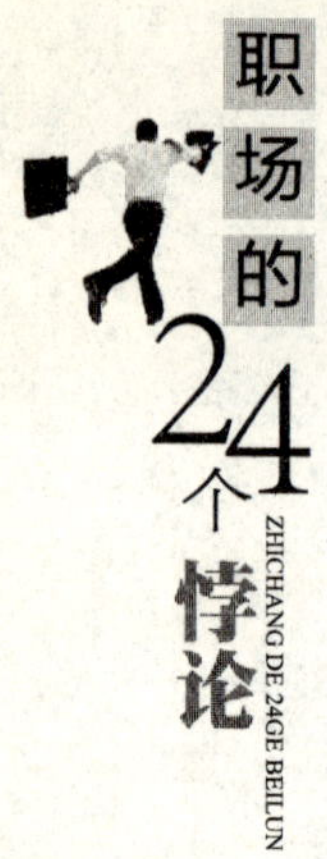

不要在自己心里挂上无谓的“鸟笼”

职场中有些人十分敏感，常常是外界的风吹草动都会被他装进心里，就像往心里装进一个“鸟笼”，让他每天琢磨着把“鸟笼”里放进鸟儿。比如，看见别人严肃的神态，心里就会想是不是别人对自己有意见，有了这样的“鸟笼”，就得想办法装上“鸟儿”，于是四处打听收集相关的“新闻”，经过四处求证最终验证自己当初的想法：“原来他真的对我有意见”。其实也许别人当时只是心情不好，或者正在思考一个严肃的问题。但是就是有一些人要给自己心里挂上无谓的“鸟笼”，还要想尽办法为“鸟笼”配上“鸟儿”，最后的结果是为了寻找“鸟儿”消耗了自己太多时间和精力，影响工作和生活，也影响心情。

他们的职场 >>>

在所有给自己的心里挂上无谓的“鸟笼”的例子中，最极端的要数契诃夫的那篇小说《小职员之死》。

一个夜晚，一个小职员与家人一起去剧院看演出。在剧院里，小职员鼻子奇痒难忍，忍不住打了一个大喷嚏，不小心将唾沫溅到了坐在前排的一位观众身上，当那位观众回过头来，小职员惊讶地发现那居然是一位大领导。小职员惟恐这位领导会将自己的不慎视为对他的冒犯，因而一而再、再而三地道歉。开始那位领导只是客气地说没关系。然而小职员心中依然惴惴不安，还是不停地解释，最后惹得领导不耐烦。可是领导越不耐烦，小职员越担心是自己的举动令领导不满。于是他更加诚恳而执着地向领导解释自己的清白无过，终于受到领导火冒三丈的呵斥，才闭上了嘴。小职员无心看演出，回到家中仍惴惴不安。

从此之后，小职员一直都在找机会向领导解释自己只是无心之举，但是领导的漠然让小职员以为他对自己的冒犯耿耿于怀，领导的点头微笑让小职员认为他一定是因为曾经的冒犯而记住了自己，指不定什么时候就会责难自己。无论怎样小职员每天都处于心中极度不安的状态，他总是认为领导一定还记恨自己的冒犯，一定还在十分恼火，最后小职员因为忧虑过度而一命呜呼。

一个职员竟丧命于自己的喷嚏？其实，这个小职员是丧命于自己对领导的恐惧。他一心想以道歉去排遣内心恐惧，尽管那领导根本没有放在心上，出了剧院就忘记了这件事情，但是小职员偏偏要给自己心里挂上无谓的“鸟笼”，通过领导的举动胡乱揣测，对自己进行消极的心理暗示，最后忧心而亡。

这虽然是小说，有一定的夸张成分在其中，但是职场中也常有类似的事情发生：自己不小心冒犯了领导，于是心中忐忑，一旦自己遇到阻碍，就认为是领导在给自己“穿小鞋”；看到同事们在远处议论什么，就怀疑他们是在说自己的是非；偶尔的一句玩笑，就认定人家对自己有意见等等。给自己的心中挂上一个无谓的“鸟笼”，束缚了自己的心也就罢了，还费尽心力想办法给“鸟笼”放进“鸟儿”，这才是职场中最可悲的事情。

你的职场 >>>

习惯于将无谓的“鸟笼”放进心中的人主要有以下几类：

有些人在职场中比较八卦，喜欢道听途说和传播流言蜚语，这种类型的人更在乎别人背后的议论和评价。职场中哪个职员升迁，谁和谁的关系比较好，这些都是他们关心的对象，在关心的同时也将烦恼带入了职场中。因为他们一旦道听途说到什么就会费尽心力地去求证，将职场人际关系搅得一团糟。与其这样还不如专心于自己的工作，远离与工作不相干的流言蜚语，这样也能让自己远离是非，避免招惹麻烦。

还有一种类型的人，他们总是小心翼翼，而且比较敏感，类似于契

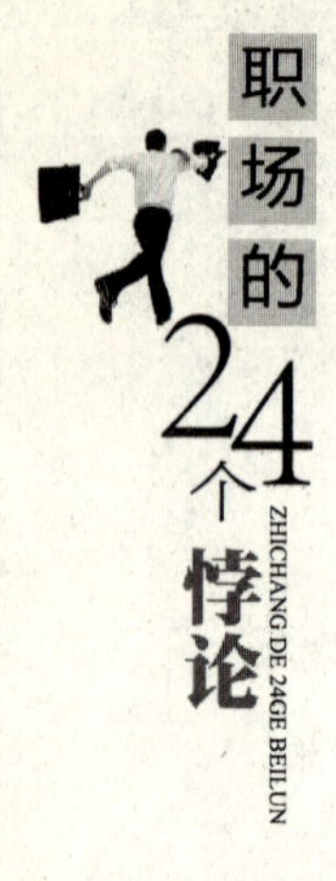

诃夫笔下的小职员，他们在职场中惧怕权威，担心自己做错事而让领导或他人不高兴，别人的一个脸色他们会揣度半天，还会试探性地去求证和解释。在职场中他们一直低头做人，小心谨慎，不愿意得罪任何人，有时甚至会为此放弃自己的原则。这样的人在职场中比较压抑，也显得默默无闻，但工作会比较努力，踏实肯干。倘若能够摒弃心中的“鸟笼”，不去刻意观察他人的脸色，可能人际关系会更为顺畅，工作也会轻松许多。

最后一种类型的人比较较真儿，别人即便是开个玩笑他也会当真，工作十分认真，几乎无可挑剔。因为什么事情都较真，别人一句不中听的话，他们会在心中惦记很久，而且会越想越严重，最后严重影响自己和他人的交往。如果领导的评价有失偏颇，他们会据理力争，不依不饶。因为爱钻牛角尖，对于有些冲突和摩擦，他们可能看似不当回事，可是心中耿耿于怀，很长时间都没有办法抒怀。这些当然会影响工作心情和生活态度，而且这种较真儿的性格可能会让周围的人感到紧张而会渐渐对他们敬而远之。

对于如何清除自己心中无谓的“鸟笼”,有如下建议:专心于工作，就事论事，不要追究工作以外的事情；无论是别人的脸色还是流言，自己都不要太在意，调整好心态然后专心做自己的工作；与工作无关的事情少问、少听、少看、少说，尽量远离那些无谓的“鸟笼”。

20 懦夫悖论

——懦夫也能成为赢家

懦夫悖论是指两辆汽车从一定的距离相向而开，两个司机可以在相撞前转向一边而避免相撞，但这将使他们被视为“懦夫”；他们也可以选择继续向前——如果两个都向前，那么就会出现车毁人亡的局面；但若一个转向而另一个向前，那么向前的司机将成为“勇士”，转向的司机将成为“懦夫”。

懦夫悖论中，如果一方坚持按照原定方向行进，另一方难以退出（退出也会被视为“懦夫”），局面就变成了骑虎难下；而此时，冒险选择向前而获胜的一方，总是将自己的幸福建立在了对方的痛苦之上。假定参与的一方是鲁莽、不顾后果的人，另一方是足够理性的人，那么鲁莽者极可能是胜出者。如果这种懦夫悖论进行多次，则冒险选择向前而成功的参与人就更有信心在将来遇到类似的局面仍然选择不退让，他通过树立起一种粗暴的形象使得对手在未来的对局中害怕而获得好处。然而这样也增加了车毁人亡的风险，因为这种人一旦形成了这种惯性，就会一味前进不退让，不去思考后果和对方的实力，一旦对方不畏强权也选择不让，那么二者显然走入毁灭的境地。

一旦进入骑虎难下的境地，及早退出是明智之举，然而当局者往往

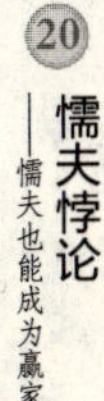

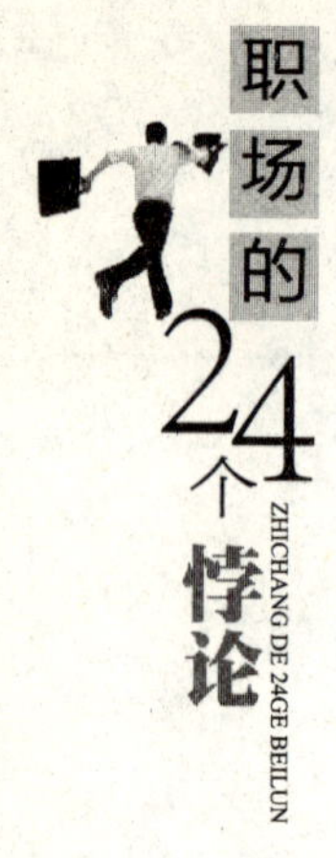

做不到，这是因为，懦夫的行为一直不被人称颂，甚至会成为嘲笑的对象。所以，生活中很多人为了所谓的“一口气”坚持继续前进。这种骑虎难下的悖论经常出现在国家之间，也出现在企业或组织之间，当然个人之间也经常会碰到的。

很多时候，一些大的矛盾在最起初时也许只是小小的意见分歧，可常常为了所谓的“面子”两人都不愿意退让，怕退让会被别人看低，最终小小的分歧演变成不可收拾的争端，两败俱伤。如果当初懂得让步，就能够避免之后的若干麻烦。正所谓“忍一时风平浪静，退一步海阔天空”。

大部分时候，与人争执、与人赌气，最终伤害的却都是自己。即使在争端中暂时占了上风，而最终又能得到什么呢？恐怕最多的还是在争执中浪费精力、脑力、体力带来的伤害。向后退一步，将收获一份心灵的宁静，以及别人对我们的尊敬。

以退为进，职场智者

他们的职场 >>>

王玉瑶应聘到一家广告公司做策划，因策划经验丰富，还是某知名大学广告专业的硕士，所以薪水定得较高，这让策划部主管李潋滟心中甚是不平。于是工作中，李潋滟总是有意刁难王玉瑶，将本该是自己的工作任务丢给王玉瑶：“玉瑶，这个策划案你先初步做一下。”因此，王玉瑶的办公桌上的工作任务总是部门里最多的。对于王玉瑶做好的策划案，李潋滟稍作修改之后，签上自己的名字就交到了总经理那里。

由王玉瑶代做的几个策划案都受到了总经理的好评，看着李潋滟得意的样子，同事都为王玉瑶打抱不平：“你怎么不向总经理表明，那些案子都是你做的？凭什么让她抢了你的功劳？”王玉瑶只是笑了笑说：“我毕竟刚来不久，李主管也许是想考验我呢？没关系，就当是一种锻炼！”王玉瑶的退让的态度和低调的做事风格为她赢得了好人缘。

后来，又一次李潋滟正在看王玉瑶的策划案，总经理来到了策划部视察工作，李潋滟边说：“这个王玉瑶的策划方案，好多地方不行，我帮她改进改进。”总经理翻看了一下边说：“我觉得这个方案很不错呀，这个我先拿走了，你稍后交一份更好的策划案给我。”

一个月后，王玉瑶就取代了李潋滟升任了策划部主管，总经理说：“我早就知道那些策划案是你的，其实你们每个人的策划方案风格我都知道，到现在我才处理，就是想看看你会怎样应对你的主管，经过这半年多的时间，我们也了解到你与人为善，肯退让，不与人争的态度，这点我很欣赏！”

在职场中，很多人认为退让就是妥协，就是向强硬势力低头，这让他们感到不屑，他们认为有理就一定要辩三分。殊不知，很多时候退让也构成了前进路上的一部分，一时的退让也许是为了积攒体力，也许是为了寻找更好的路线。总之，只有心中的前进目标明确，退让就只是一种迂回前进的方式而已。

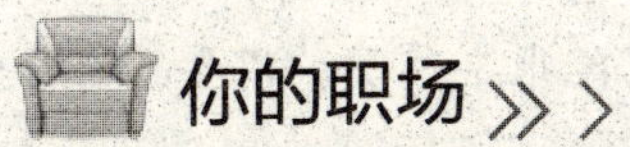

印度的孟买佛学院是世界上最著名的佛学院之一，它的建筑非常雄伟恢宏，然而与这种宏伟不相称的是，在大门旁开的一个仅 1. 5 米高 40 公分宽的小门，所有的人都能轻易进出，只要他低头。所有进出这里的人出来时都无一例外地承认，这个细节让他们受益无穷。

谁也不能保证自己的生活能一帆风顺，总有坎坷不平，时而登上峰巅，时而跌入谷底，甚至，有时还要穿过伸手不见五指的“隧道”。在

生活当中遇到的各种各样的困难，这些困难就好比是一扇扇小门，门框很低，要想过去，就得低头，不然就会被碰得头破血流。

职场中要想成为优秀的人，有时的确需要低一下头退让一下。也许就低这一下，困难就会从身边“滑”过去，即使不会，也能够帮助人们积蓄再度踏上征程的力量。而孟买佛学院的小门就是启发每一个进出的人，要学会低头。有时生活只留给人们一扇这样的小门，这时候就得学会低头，才能更快地前进。况且低头也只是暂时的，过了这扇“小门”，就可昂首阔步，挺直了腰板向前走上光明大道，奔向职场成功。

退让不等于纵容，职场退让有原则

他们的职场 >>>

于白洋是一家电视台外聘的娱乐节目主持人，她在这家电视台工作五年了，她主持的娱乐节目一直是当地收视率最高的节目，然而在与电视台续签合同时，却遭遇了困难。

电视台的台长向她暗示，电视台会与她续签和合同，不会让她走人，她应该感到幸运，并要懂得感恩。聪明的于白洋听出了台长的言下之意：你虽然做得很好，但是现在我们给你的已经很丰厚了，不要再有什么过多的要求！

当她看过合同，提出一些修改意见的时候，遭到了台长的严辞拒绝，于白洋也有过犹豫，因为自己的节目是在这里创出了品牌，发展需要以台里为依托，然而她也知道自己提出的意见合情合理，并没有仗着自己的知名度提出过分的要求。她坚信以自己对于电视台的价值，提出这点意见并不过分，于坚持了自己的想法。双方的谈判陷入僵局，最后台长拿出了杀手锏，严厉地对她说：“你不要得寸进尺，如果你不想干，就走人！”

当于白洋收拾私人物品准备离开的时候，娱乐部部长走了过来，好言相劝：“帮帮忙，最起码将今晚的场子撑过去？你走了，观众怎么办，这一时半会儿，我上哪找主持人？”这个时候于白洋，考虑了一下，退让了一步，答应今晚的节目自己继续上，等到电视台找到新的主持人就离开。

结果，不出三天，于白洋就满意地与这家电视台签订了合同，合同也按照她的要求进行了修改。

在这次博弈中，于白洋坚持了自己的原则，没有被台长的威胁吓住。她清楚自己的实力，也清楚自己对于电视台的价值，明白自己与电视台的合作是一种双赢，她需要电视台这个平台来发展，电视台同样需要她开创业绩。所以她说：“通过这件事情，我也让电视台明白我是一个说到做到的人，有自己的原则，该退让的时候我会妥协，但是原则性问题我一定要坚持下去！因为这涉及到我的价值体现，人不能自己贬低自己的价值。”

你的职场 >>>

通过上面的故事，我们可以总结如下几方面：

首先，在职场中一定要有自己的原则，这个原则的制定一定不能损害自己的价值。这些原则可以是你的底线，比如你与人交往的底线是，不得进行人身伤害；比如工作的底线是，先做完自己的工作，然后才会去帮助别人，帮助的事情不能与自己的所处的部门相冲突等等。

其次，自己的工作要负责到底，不能为了坚持得到自己权益，而将自己的工作半途中丢下。就像故事中的于白洋，即使台长让她走人，也得坚持将手头的工作做完，这个时候需要退让一步，善始善终才能让自己给人留下工作负责的印象。

最后，坚持自己的原则需要讲究技巧和策略。面对上司，不能态度

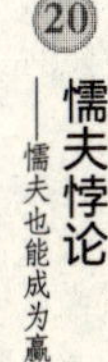

过于强硬，在坚持自己的原则的前提下，尽可能面带微笑，不厌其烦地向上司表明自己的原则，也希望上司能够体谅并理解自己。而得理不饶人的强硬态度只会激起人的反感和排斥心理，反而会使事态恶化，将原本有理有据的协商变成不可调和的矛盾、恶言相向的战场。

21 借口悖论

——为了开脱，结果反而陷入麻烦中

人们找借口是为了开脱，远离麻烦和职责，但是结果往往与此相背离，反而由于借口给自己增添了无限的麻烦。这不但与找借口的初衷相悖，也与找借口期待的结果相背离。这就是借口悖论。生活中人们也常常是为了自己各种各样的行为去寻找借口，不想上学就说自己肚子痛，结果考试不理想；工作不努力就说自己家庭负担重，结果没有了工作家庭负担更重了；产品推销不出去，就说是因为顾客太挑剔，最后产品更加推销不出去。这些人都是在寻找借口，目的是为了减轻自己负担，而结果是负担更重了。

习惯于用借口来为自己推卸责任，习惯于用借口来掩饰自己的错误，习惯于用借口来推脱自己失误，结果责任没有因为借口而消失，错误也没有因为借口而不为人所知，失误也没有因为借口得到弥补。

很多时候，为自己开脱而随便找个借口，反而给对方可乘之机，才会让你陷入更的麻烦之中。为了避免这种结果，你最好还是不要轻易为自己找借口。

有了过失、错误，先找原因，再总结方法。如果你的工作出现了失误，首先要想失误的原因是什么？是自己不够仔细，还是自己没有按照程序

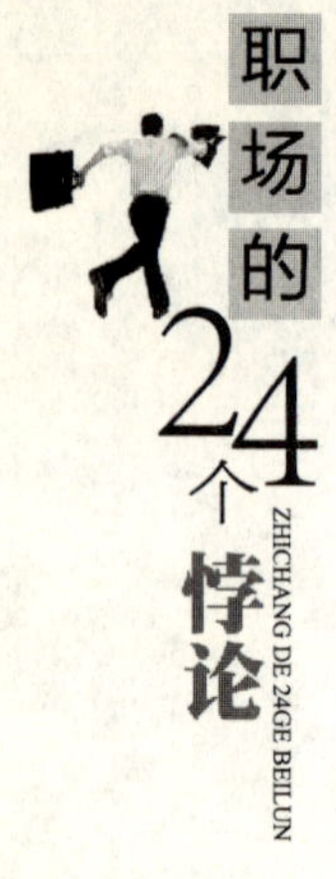

来做，或者是自己对工作的理解一开始就有偏差？然后针对你分析出来的原因，找寻解决问题的办法，避免下次犯同样错误。最好是每当你出现失误，就用笔记下来，这有助于你思考整个事情的来龙去脉，帮助你找寻失误的原因，然后将你分析的几点原因一一列出，针对这些原因再写上你避免下次失误的策略。这个过程可以帮助你杜绝找借口，认真分析自己。

巧用借口，婉拒不伤人

他们的职场 >>>

“嘿，老张，晚上没事吧？去聚聚吧？

“嗨，小陈，赏个脸，去K歌吧？”

“小吴，周末咱们一起去旅游吧？”

“五·一我要结婚，你可一定要来哦！”

这些再熟悉不过的话是不是经常萦绕在耳边，这些日常邀约是不是常常给你带来困扰？

自己想要与家人一起度过周末的时候；当忙碌一天下班后想要安静地一个人独处的时候；自己不喜欢抽烟，可是职场上总是有人热情地递烟时；当想要加班把工作做完，却总是有一些同事在要求着自己去做一些自己不想做的事时；当代表单位请客户吃饭，需要自己喝酒的时候……这些时候需要一些巧妙的借口作为职场“挡箭牌”。职场上，有时确实有许多的事情没有做完，根本没有心思去玩，就算去了也不能尽兴；但如果拒绝，同事也是一片好意，坚持不去也会驳了同事的面子。你不会抽烟，面对别人的热情又该如何拒绝？招待客户，不喝酒似乎又不行，该怎么办呢？各种各样的应酬成了职场生涯不得不面对的问题。

其实，这种情况是每一个职场人都会遭到的。如果每叫必到，每酬必应，随着时间的推移，慢慢会觉得很累。这个时候，就可以为自己找一个借口，找借口不是为了开脱，而且在不伤及人际关系的前提下委婉拒绝别人的好意，这也是一种沟通艺术。

你的职场 »>

在这个竞争激烈的社会之中，你参加的无谓的应酬多了，自己充电的机会就少了，自我生活的空间就被压缩了。这个时候，为自己寻长一个巧妙的借口，能够帮助你从无尽的邀约中解脱出来。

（1）不喝酒的借口

在职场上，可拒绝一切劝酒，不但理由充分，而且义正辞严的人，非驾驶员莫属。不管别人如何情真意切，如何热情迫切，你只要说“我一会儿要开车，不能喝酒，请为安全考虑吧。”此言一出，就不会有人劝酒了。

（2）拒绝吸烟的借口

在职场上总是要和烟打交道，尤其是男人，如何用巧妙的方法拒绝吸烟呢?

最好的借口是：“我前段时间身体不舒服去看医生，医生不让吸烟”。此借口简单可行，毕竟少有人会不顾及你的健康去劝你吸烟。戒烟也是一个很好的借口：“对不起，我已经戒烟了”。

所有的男人都想在自己的老婆、孩子面前表现得完美干练，这正好是拒绝抽烟的好借口：“不抽了，老婆和女儿都不喜欢！”。

当别人邀请你吸烟的时候，给他一个优美的微笑，然后大方得体地说：“不好意思，我不会吸姻。”大气而不失风度的表现，总能让你在职场中留一个好的印象。

（3）推脱应酬的借口

“不好意思，我的时间已经排满了，实在挤不出时间！”时间排满说明自己时间的宝贵和工作安排的全面，这样的理由你的同事一般会理解的。但是这样的借口适合朋友或同事之间，如果是客户或上司则不能使用这样的借口。

有时候家人是你最好的挡箭牌，“对不起，我爱人在家等我！”或者拿朋友做挡箭牌，“不要意思，我约了朋友！”这样的拒绝比较简单，效果很好。在语言上应该直接、坦荡、自然。但是这个借口同样不适合拒绝客户和上司。因为招待客户或者陪上司应酬这都是你的工作任务，除了想办法在酒桌上使用一些技巧，少喝酒之外，没有办法拒绝你的工作任务。

责任与借口，你的选择代表你的态度

在现实生活中，很多人习惯找各种各样的借口来推脱责任：“这不是我的错”“它本来就是这个样子的，我也无能为力”“领导就是让我这样做的，我也没想到”“我家里有事，所以……”等。更有甚者，很多人不但不承担本应承担的责任，一旦出现不良后果首先想到的是将责任推给别人，要别人对自己的行为后果负责。

他们的职场 >>>

刘雨卿是美国某公司驻中国分公司的财务人员。一天，她在做工资表时，给一个请病假的员工定了个全薪，忘了扣除请假那几天的工资。事后刘雨卿发现了这个错误，于是她找到这名员工，告诉她下个月要把多给的钱扣除。但是这名员工说自己手头正紧，请求分期扣除，这么做的话，刘雨卿就必须得请示分公司经理。

刘雨卿知道，分公司经理知道这件事后一定会非常不高兴，但她知道这混乱的局面是自己造成的，她必须负起这个责任，去分公司经理那里认错。

当刘雨卿走进分公司经理的办公室，告诉分公司经理她犯的错误后，没想到经理竟然大发脾气地说这是人事部门的错误，但刘雨卿强调这是她的错误。经理又大声指责这是会计部门的疏忽。当刘雨卿再次认错时，分公司经理看着刘雨卿说："好样的，我这样说，就是看看你承认错误的决心有多大。好了，现在你去把这个问题按照你自己的想法解决掉吧。"事情终于得到了解决。从那以后，分公司经理更加器重刘雨卿了。

事实上，职场中如果你能以积极的心态，主动承认过失，积极进行补救，反而不会自己的错误所累。

你的职场 >>>

在责任与借口之间，你的选择往往就代表了你的态度。选择了借口其实就选择了逃避责任，是一种不负责任的表现。一旦你曾经因为找到一个恰到好处的借口，而被免于惩罚之后，你就会习惯用各种各样的借口来逃避自己的责任，也习惯于寻找借口来为自己的过失开脱，习惯于停留在努力寻找借口的过程中，而非尽一切努力完成目标，补救过失。

自己的过错要自己承担，这是每个人的责任和义务，千万不要惧怕直面错误。如果一味地隐藏错误或找借口为自己的错误开脱，错误就会制约你前进的步伐，减慢你职场成功的速度。因为职场中，无论你找的借口多么巧妙、多么完美，都无法掩盖真实的情况，你的错误，你的工作能力迟早会真实展示出来。巧妙的借口可以一时蒙蔽别人的眼睛，让你侥幸逃脱，但真相终究是要浮出水面的，那时，恐怕你连后悔的机会都没有了。

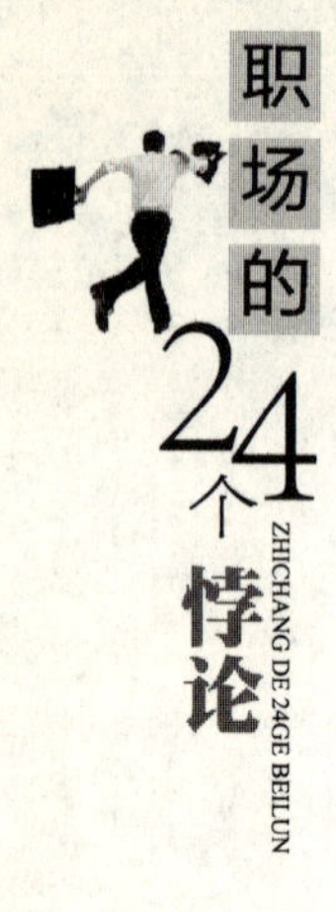

22 时间旅行者悖论

——时光无法逆转，珍惜当下

现下有不少热门科幻片以时间旅行或者穿越时空为主题，科学家们也在不断寻找时光逆转的可能性。那么，时间旅行真的可行吗？如果真的造出了时间机器，又会发生什么？

假设小甲乘坐时间机器回到了30年前，他注视着还是婴儿的自己说："假定我把这婴儿杀死，那他就不会长大，也就没有了30年后的我，这样一来，我会突然消失吗？"

然后小甲又乘坐时间机器到了30年后。他在家门外的大树上刻下自己的名字，随即回到现在，砍掉了那棵树。然而让他困惑的是，如果没有了这棵树，那么30年后，他的名字刻在了什么地方呢？

科学家一直试图找到上面两个问题的答案，有人提出了"平行宇宙说"，简单来说，就是我们存在的时空会随着我们遇到的无数种可能性进行分裂，变成无数个平行的宇宙，代表着无数可能性的走向，互不干扰。就像故事中的小甲，当他回到过去时杀死自己时，时空就进行了分裂，30年前的那个时空中小甲被杀死了，但是"现在"那个时空中的小甲不受影响，生活继续。

还有科学家反对"平行宇宙说"，坚持单一宇宙，过去的行为对现在产生影响，如果小甲成功杀死过去的自己，那么小甲就应该从这个世界上消失，但是这又与来自30年后的“凶手”这个事实冲突，所以科学家又提出了宇宙的“自动纠错”功能，即在同一个宇宙中，如果一旦有回到过去杀死自己这种导致逻辑混乱的事件发生，“自动纠错”功能就会启动，要么小甲无法杀死过去的自己，要么发生其他事情来抹平逻辑混乱。

当然，以上两种都是“假说”，无法证实也难以证伪。时间机器尚未产生，做任何定论都为时尚早。就目前的科学条件，我们既无法回到过去，也无法去往将来，我们能做的只有活在当下，珍惜现在。

逝者如斯，珍惜当下

很多人常常追溯过去，他们一边做着自己手头的工作，心中又克制不住去想，如果回到过去，我不做出那样的选择，那么现在的境遇就会完全不同。这中矛盾心理在职场中十分普遍。

于洁丽大学毕业后，因为成绩优秀，在校表现突出，以合同制的方式留校做了辅导员。开始她觉得作为本科生能够留校十分难得，虽然辅导员的工作琐碎而辛苦，待遇也比较一般，但是大学里的工作环境好，她也喜欢每天和学生们在一起。于洁丽一直觉得挺满足。

直到工作三年后，她遇到了自己的大学同学，她的心理状态和生活状态完全改变了。原来这位同学研究生都已经毕业了，这次回学校是为了准备考博的相关材料。跟那个同学一比，于洁丽顿时觉得自己差了一大截，生活变得既平淡又无趣。自己当年的成绩比那位同学优异得多，

可是现在人家眼看着就要考博士了，博士毕业后可以回母校任教，成为真正的大学教师，而当年更为优秀的自己却只能做没有编制的辅导员，这让于洁丽重新审视自己的生活，她开始变得不满足也不快乐，她开始思考自己当年的选择是否错了。

她开始不停地想，如果当初自己选择考研，而不是留校，那么现在也会像那个同学一样为考博而准备，博士毕业以后可以成为一名大学教师，获得正式编制。当初让同学们羡慕的留校，如今成了错误的选择；原本令人满意的生活，在对比之下变得平淡乏味。于洁丽越想越灰心，觉得自己一步错，步步错。这种失望的情绪萦绕不去，让她渐渐吃不好，睡不着，工作时无精打采，回到家也愁眉不展，她越来越觉得自己陷入了生活的漩涡，不能自拔。

于洁丽对工作的态度从满意到失望，这期间的现实情况其实并没有改变，变化的只是她的心态。在遇到那个同学之前，她并没有想过自己的工作和生活还有另一种可能，所以她可以平静地接受当下的生活状态，然而当看到一个曾经不如自己的同学，现在却比自己更有前途的时候，心理失衡成为了必然。于洁丽迷失在这种强烈的对比中，不断假设如果当初没有做这种选择，生活会如何美好。

如果于洁丽能够冷静下来，就会发觉，让自己不满的也许并不是现在的工作和生活，而是一个曾经不如自己的人现在却比自己好，这让她觉得自己被超过了，自己落后了，她觉得不甘心。但生活并不是赛跑，每个人有不同的追求，有不同的路要走。当一个人面对岔路口时，她只需弄清楚自己要的是什么，然后朝着那个目标前行，而不是盲目追赶路上的每一个人，却在途中迷失了自己的初衷。

所以，面对同学的美好前途，于洁丽需要想明白，自己想要的究竟是辅导员还是大学教师，是想要站在学生中间陪伴他们度过四年平淡而充实的大学生活，还是站在讲台上传道授业解惑，是想要现在平静的生活，还是放弃现在的工作为考博奋力一搏。前者和后者并没有孰好孰坏之分，只是不同的生活方式。也许于洁丽当初选择了辅导员，只是出于对这份工作的喜爱，那么就没有必要拿自己所爱与别人的选择比较，因为纠结孰优孰劣的过程中掺杂了太多争强好胜的成分，最怕的是当冷静下来时，发现原来拥有的东西就在纠结的过程中渐渐远去。

当然，如果于洁丽在做了三年辅导员以后才发现大学老师才是自己真正想要的，时间对她来说也并不晚，她依然可以辞去现在的工作去考博，努力为未来打拼，努力改变现状。但故事中的于洁丽并没有思考未来，也没有付诸行动，只是为自己的“错误选择”自怨自艾，丧失了对未来的憧憬。真正能够摧毁人的，不是做了错误的决定，而是沉迷在懊悔中不能自拔。设想过去是毫无意义的，该选择的已经选择，该发生的已然发生，时间机器还没有出现，过去无法改变，能够改变的只有未来。

无论对现状是否满足，对于已经拥有的东西，都应该倍加珍惜，谁知道正在为考博而紧张准备着的那位同学，是否也在心底羡慕着于洁丽的平淡却宁静的生活呢？谁知道那位同学在别人看不到的时候熬了多少个夜，吃了多少苦呢？谁知道她是否正为自己还没有确定的未来而担心呢？一鸟在手胜过十鸟在林，只是许多人的眼睛习惯了向前看，忘了要偶尔低下头看看自己手中抓住的东西。

你的职场 >>>

珍惜当下意味着珍惜现在拥有的东西，除了亲人、朋友、爱人，还有你已经打拼出的职场中的一切，包括你身边的同事、你的职场声誉以及工作本身。

首先，要珍惜你身边的同事。那么哪些同事尤其要去珍惜呢？

成就你的同事。这类同事可能是你的上司，也可能只是前辈，无论和你所在的部门和职位是否有直接关系，他们大多在某些领域有着丰富的经验，能经常在工作方法、心态、人际交往等方面给你提出有益的指导或建议。他们会在职场中不断地帮助你，帮你看到自己的进步和不足，

成为你在工作中的引航者。

志同道合的同事。他们让你对这个集体有了归属感，与他们合作起来默契无限，让你觉得艰难和枯燥的工作也可以不那么艰难和枯燥。和他们在一起，你的心情很放松，做起事来效率也高。和他们交往，会帮助你增进自我认同感，增强你的自信。你的工作兴趣、职场目标或是个人喜好，都可以与他们分享，这让你在职场的风浪中不再是一座孤岛，而是和大家连成一片，构成一片坚实的大陆。

支持你的同事。这类同事也许跟你不在一个部门，平时跟你接触不多，也许并不了解你的工作内容，也许无法解答你在工作中遭遇的困惑，但是他们会听你的倾诉和抱怨，他们对你抱有一种固执的信心，他们愿意在人前维护你，为你打气。这种精神上的支持和鼓励可以为你提供克服困难的动力，成为你留下来不放弃也不逃避的理由。

其次，要珍惜你的职场声誉。

职场声誉是你无形的财富，是无价之宝，对你将来的职业发展有巨大的影响。一般来讲，职场声誉主要指两方面，一是工作能力，包括工作中获得的成就，上司、同事、客户及其他该行业内部人士对你工作能力的评价，这就要求你在工作中不仅要尽职尽责，做好本职工作，更要求你精益求精，不断学习和进步，为自己在行业内争取一席之地；二是职业道德，这要求你不仅遵守行业内要求的道德规范，比如为客户私人信息保密，保守行业内部信息等，还要求你对所在企业有一定的忠诚度，比如不向竞争对手出卖信息，不频繁跳槽等等。当然，为你赢得赞誉的不止以上两点，还可以是人品等其他方面，以上只是列举主要方面。

最后，珍惜工作中的每一天。

人的想法和观念总是在改变，也常常受到外部环境的影响，也许当初在选择这份工作时，你对它拥有极大兴趣，抱着满腔热忱，但是现实中的种种不如意和打击将你的兴趣和热忱消磨殆尽，你开始怀疑当初的选择，开始思考是否要换个工作。这里并不是反对职场人跳槽，如果这份工作真的成为了对你无形的折磨，或者无法帮你维持生计，或者已经偏离你的目标，那么改变无可厚非。但是许多人决定下得太轻易，改变做得太匆忙，也许是为利益所惑，也许为生活所迫，也许只是茫然找不到方向，他们还没有来得仔细思考和斟酌，就已经放弃了曾经的所有奔向新的职场。这种匆忙的结果往往是追悔莫及。我们手中平淡的工作，就像一颗毫不起眼的鹅卵石，如果你愿意用心打磨，也许就会看到其中包裹着的奇光异彩，然而你轻易将它丢弃，却只是为了拾起另一块远远看着很美好，拿到手中却依然觉得普通的石头。其实每一份工作都是这样一块石头，都需要你花力气花心思去打磨，它有几分光彩，取决于你如何打磨。珍惜拥有，当你想要放弃时，多一分坚持，也许它就会给你意想不到的惊喜。

无法改变过去，就从过去的失败中成长

他们的职场 >>>

张佳半年前从国内一流的师范大学毕业，以优异的成绩顺利进入了一所重点高中，成为一名高中英语教师。张佳很喜欢教师的工作，对这所学校的工作环境也十分满意。她在校时学到过最新的教育理念和教学方法，英语基本功扎实，无论在考试还是在活动中表现都是出类拔萃，所以她对自己的工作能力非常有信心，她决定将在学校里学到的知识利用到教学实践中。于是，她信心满满、意气风发地投入到教学工作中。

然而，她带的班级在期中考试中的成绩并不理想，这让她有些失望，她觉得可能是自己的努力程度不够，也许是学生们对这个科目的重视程度还不够。于是她在本学期的后两个月里更加拼命地工作，甚至偶尔会占用学生的自习时间来补课，还加大了作业量，对同学们的功课抓得很紧。然而，学生们期末考试的成绩不升反降，这个结果给了张佳沉重一击。

她开始怀疑自己，有时想是不是自己根本不适合做老师，有时又觉得是学生们不够配合和努力，还总是忍不住想如果自己从事了别的行业是不是不会遭遇这种困境，如果当初换一个学校或者换一个班情况会不会好，越想越想不通，越想越灰心。

于是在第二个学期开学的时候，张佳没有了过去的工作热情，变得闷闷不乐，有时还魂不守舍，常常在讲课时出错。后来在几次集体备课和听课过程中，教研室主任观察到了张佳的状态不对劲，和她进行了一次长谈。张佳把这半年的努力和失望告诉了主任，主任听她详细说明情况以后，告诉她，并不是她不够努力，也不是学生们不够努力，只是她的教学方法出现了问题。因为她的教学方法与学校的传统方法有差别，学生们一时无法顺利衔接，这个时候张佳应该主动观察学生的反馈，及时在两种教学法中进行梳理衔接，然而期中考试不理想的成绩让张佳遗漏了这一点，而是加紧了课程进度和作业量，让学生自己梳理消化的时间变得更少，于是加剧了这种衔接不畅的情况，长期跟不上老师的讲解，学生们的成绩自然就滑落下来。张佳听了主任的解释，心中有了数，回到班级在学生中间一调查，发现果然是这种情况。于是她调整了教学方案，重拾信心，再次积极投入到她热爱的教学工作中。

张佳最初犯的这个错误，对职场中没有工作经验的新人来说很正常，但是她最大的问题在于，在接二连三的打击中，她乱了阵脚，不仅没有从过去的失败中思考和总结经验教训，反而生出悲观失望的情绪，使得原本就出现问题的工作情况变得更加糟糕。如果教研室主任没有及时发现这一点，帮助她分析原因，张佳就此消沉下去后果将是十分严重的。职场中可能出现各种困难和失败，而我们要思考的是如何从失败中总结原因和教训，用以改变现状或警示未来，而不是一遍一遍地设想无法改变的过去。无数个无法实现的“如果”只会加重人的无力感和悲观情绪，这对于职场人来说绝对不是一个好的心态。

你的职场 »〉

总结失败的教训比总结成功的经验难得多，但是人往往从失败中学到的比成功多得多。只有正视自己过去的错误和失败，认真思考和总结，才会在今后的职场中获得更多成功。

职场最容易犯的错误就是不善于总结过去的错误。总结过去的失误意味着你要改变自己的做事风格或者做事的细节。但是职场中很多人，尤其是老员工，害怕变化。但敢于变化往往能带给你提升自我的机会。

那么如何总结经验，从过去的失败和教训中成长呢？

首先，要反省与总结自己，检讨自己犯错的原因何在，到底是在哪一环节出现了问题。这样的反思应当是深刻、客观、毫不留情的，这样才不会自欺欺人。

其次，要善于总结身边同事失败的经验，避免犯同样的错误，从别人的经验中学习和成长。

最后，还需要调整挫败后的心态，切忌让失败的情绪伤害自己。犯错误后的不良心态会影响到你的工作和生活状态，导致恶性循环。所以除了总结经验教训，调整心态同样重要。

23 囚徒困境

——"相对速度"求生存

一位富翁在家中被杀，财物尽失。警方在此案的侦破过程中，抓到两名犯罪嫌疑人 A 和 B。警方将两人进行隔离审讯，由检察官分别和两人单独谈话。检察官说："由于你们的盗窃罪已有确凿的证据，需判你们 1 年刑期。但是，我有权限和你做个交易，如果你认罪并检举同伙，而同伙保持沉默，我只判你 3 个月的监禁，但你的同伙将被判刑 10 年。如果你拒不坦白，而被同伙检举，那么你就将被判 10 刑年，他只判 3 个月的监禁。如果你们两人都坦白交代,那么你们两人都要被判 5 刑年。"

两个囚徒面临着两难的选择——坦白或抵赖。显然对两人最有利的策略是双方都抵赖，结果是大家都只会被判 1 年。但是由于两人处于隔离的情况下无法协商，所以，假设每一个人都是从利己的目的出发，他们选择坦白交代对自己来说是最佳策略。因为坦白交代可以得到最短的刑期——3 个月，但前提是同伙抵赖，这显然要比自己抵赖而坐 10 年牢好。即使两人同时坦白，至多也只判 5 年，依然比抵赖的结果好。所以，两人合理的选择是坦白并出卖对方，而原本对双方都有利的策略和结局就不会出现。

虽然囚徒们彼此合作，可为全体带来最佳利益，但在情况不明的情况下，出卖同伙可为自己带来利益，而被同伙出卖可为他本人带来利益，因此彼此出卖虽违反最佳共同利益，反而是最有可能的选择。这说明在双方都明确最佳配合模式时，由于信息的隔离反而会选择对个人风险最小的策略，导致这种双赢结果不会出现。

在职场中同样会出现这种现象，比如工作中出现了疏漏，恰好在你和另一同事负责的范围内，如果你承认错误并检举对方，而对方抵赖，则对方会获得更重的惩罚；反之则你获得更重惩罚；如果 2 人均承认错误则责任均摊；如果二人都抵赖则公司抓不到把柄，二人均不承担过失。显然第四种结果是最优策略，然而在二人不能商量的前提下，谁也不会冒这个风险，只能趋向更为稳妥的选项，导致二人责任均摊。

注定不会合作的"囚徒"，不宜合作

为了避免陷于囚徒困境，对于职场上的某些人，你要敬而远之。

他们的职场 >>>

王紫苑很漂亮，也很要强。在这个处处讲究合作共赢的时代，王紫苑也希望寻找一个合作伙伴。于是王紫苑在单位中认真观察了许久，看中了另一个部门的蔡俊杰。蔡俊杰工作踏实，而且技术过硬。王紫苑认为，自己良好的人缘，能干的管理手段，结合蔡俊杰的技术，组建一个团队一定可以快速地冲向前。

于是每当攻破一个关键技术，王紫苑就会让公司所有高层管理都知道他们的成果。可是没过多久王紫苑发现团队以外的同事好像都在背后指指点点。最终王紫苑被高层拿了下来。

后来王紫苑才知道，因嫉妒她的酬劳比他自己多，蔡俊杰制造了这些谣言让高层对她人品产生怀疑而把她降职，虽然结果是合作共赢的关系破裂，蔡俊杰也并没有因此上位，反而回到了过去的小角落里，但是他觉得这比让一个女人抢了风头更好。

其实，蔡俊杰注定不宜与王紫苑合作，因为王紫苑的漂亮和强势。没有那个男人甘愿为女人做嫁衣，至少蔡俊杰这样认为。既然王紫苑能够做到的自己为什么做不了，如果真的是这样，那一定是王紫苑利用自己的漂亮得到了便利。同样王紫苑也注定不宜成为合作伙伴，因为蔡俊杰不甘屈居人下。

你的职场 >>>

职场中有些人注定不是好的合作伙伴，看似能够与他合作，但是一旦合作就会问题频生，所以，职场中的人要学会识别那些注定不能合作的囚徒，遇到这类人礼貌待之，工作尽可能明确分工，以免自己陷入其中，深处囚徒困境难以自拔。

（1）搬弄是非的“饶舌者”不可合作。很多时候团队中涉及到许多工作机密，不能随便向其他人透露，可一旦遇到“饶舌”的合作者，就别想保住秘密。

这种人不但喜欢探寻他人的隐私和秘密，而且也擅长抱怨，不是说这个同事不好，就说那个上司有外遇等等。与这样的人合作，他可能会挑拨你和其他同事以及与上司之间的关系，这样不但工作没办法正常开展，而且如果你一不留神和同事或上司真的发生误会，他就会怂恿你说同事或上司的坏话，添油加醋地将你的话传到同事或上司耳中，如果同事与上司不仔细查明信以为真，那么你在公司的日子就难过了。

（2）惟恐天下不乱者不宜合作。有些人在职场中过分活跃，爱散布小道消息，制造紧张气氛，唯恐天下不乱。“公司要裁员了，你可要小心了”“某某人得到上司的赏识，哼，他还不如你呢！”“这个月奖金要发多少多少”“公司的债务庞大，都快资不抵债了！”，弄得人心惶惶。这种人说的话，切记不可相信，也不可以与之合作。

（3）顺手牵羊爱占小便宜者不宜合作。职场中有些人喜欢贪小便宜，认为反正是公家的东西，今天几张打印纸，明天几支笔，后天拿走几个文件夹，还认为这样“顺手牵羊不算偷”，虽说值不了几个钱，但是一旦养成习惯，他们事事都会占小便宜，一点亏不肯吃。与这样的人合作，不但要算计得很清楚，还得经常费口舌向他说明他没有吃亏。而且这样的人在团队中，会利用公司的资源想办法发展自己私人的事业，不但你们合作的工作不见得有起色，还会被他拖累，有挖公司墙角之嫌。

用“相对速度”求职场生存

当面临别无选择的境地时，只有力争比身边的人跑得快，才能让自己获得“囚徒困境”下可能的最好处境。

他们的职场 >>>

两个人一起去野外郊游，遇到了一只熊，他们都十分害怕。其中的一个人弯腰把鞋带系好，做好逃跑的准备。另一个人对他说：“你这样是没有用的，咱们跑得再快，不还是被熊吃掉？咱们是不可能跑得比熊快的。”那个准备跑的人回答说：“我不需要跑得比熊快，我只要跑得比你快就行了。”

这个故事中，那个准备逃跑的人面临的选择有以下几个：选择 A——不逃跑，反正跑不过熊，被熊吃掉；选择 B——尽力逃跑，结果还是被熊吃掉；选择 C——逃跑，并比同伴跑的快，得以生还。对于选择逃跑

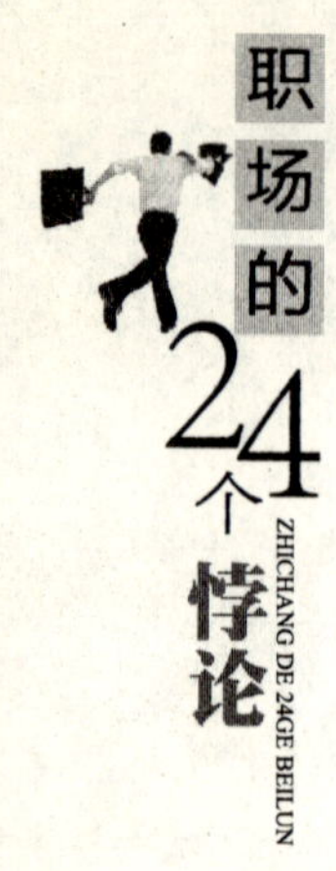

的人来说，只要他选择了逃跑，就会有生还的机会，而对方选择不逃跑，生还的机会就没有了；选择逃跑，还需要一个附加的条件——跑得比另一人快，这样才会生还。所以，在这一过程中，他只有用“相对速度”才能够求得生存。

你的职场

相对速度是指，对方进，我以退为进，而如果对方退我则进，或者以同事为参照物，用相对于同事的速度来求得发展，获得职场生存。

如果你的同事表现突出，你只要比你的同事突出的程度稍微逊色那么一点点就可以，这样首先你不会被轻易淘汰，毕竟实力还是摆在那里；其次比自己的同事稍微逊色一点，可以不让自己因为过于突出而遭到同事的嫉妒，也不会给领导太大的压力；再者你的同事比较突出，你甘愿稍微落后而不嫉妒，也能体现你的大度和容人之量；最后，一定要注意，这只是平常，关键时刻，比如需要一定的技术才能攻克难关的时候，如果你具备了相关的技术，这个时候就不能藏拙，该比同事跑得快时就要冲在前面。

以“相对速度”求得职场生存和发展，需要你有一个参照物，相对于他你首先需要保护好自己，不要使自己处于“枪打出头鸟”的境地，能够稳定生存之后，你需要跑得比你的参照物还要快，这样你才能在职场中更快发展。

24 淘汰悖论

——人才反而被淘汰

400 多年以前，英国著名经济学家格雷欣发现了一个有趣的视念：两种实际价值不同而名义价值相同的货币同时流通时，实际价值较高的货币，也就是“良币”，必然退出流通——它们被收藏、熔化或被输出国外；实际价值较低的货币，也就是“劣币”，却充斥市场。

其实这个规律早在公元 15 世纪明朝嘉靖时期就出现了，那时候朝廷为了维护铜币的地位，曾发行了一批高质量的铜币，结果却使得盗铸更甚。原因何在呢？原来在市场上流通的一般铜币质量远低于这些新币，盗铸有重利可图，致罪者虽多，却无法禁绝。私铸者还往往磨取官钱的铜屑以铸钱，使官钱也逐渐减轻，同私铸的劣币一样；而且新币会被人收拢、熔化，然后按照一般的较低的质量标准重铸，从中获利。

这种现象显然与人们惯常的思维相悖，通常劣币应该被逐出市场，而良币应该是在货币市场被广泛流通的，为什么会出现劣币驱逐良币的现象呢？不好的怎么可能驱逐好的呢？这有些不可思议。汽车市场上，尤其是二手车市场上也会出现不好的车驱逐相对较好车的现象；职场中也有能力强者被驱逐，平庸的没有什么成就的反而会留下来的现象。小摊贩卖水果也会出现不好的水果先被卖出去，好的水果最后留下来变成

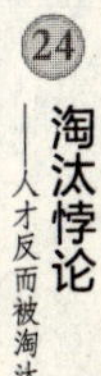

不好的水果。

举例来说，通常在二手市场上买家和卖家对汽车质量信息的掌握是不对称的。卖家知道所售汽车的真实质量；但是你只知道好车最少要卖8万元，而坏车最多只卖2万元。你只能通过外观、买家的介绍及简单的试驾等来获取有关汽车质量的信息。而从这些信息中你很难准确判断出车的质量，真实质量只能通过长时间的使用才能了解，但这在二手车市场上又是不可能的。

那么，你应该开价多少呢？开价8万元显然是太高了，因为这并不能保证你买到质量最好的车；而如果你希望买到坏车，就开价2万元。

也就是说，所有典型的买家只愿意根据平均质量支付价格，出价5万元。结果是，二手车市场上汽车的平均质量降低，因为买家愿意支付的价格有限。在这种情况下，只有低质量的汽车成交。

这样一来，质量高于平均水平的汽车会被撤出二手车市场，市场上只留下质量低的二手车。于是，高质量的汽车在竞争中失败，市场选择了低质量的汽车。

在职场中也是同样的道理，同一企业，由于旧人事与薪酬制度惯性等，虽然高素质员工对企业贡献更大，但是却与低素质员工的薪酬相差不大，于是高素质员工觉得不平，选择离开，导致低素质员工对高素质员工的“驱逐”。

实际职场中的例子屡见不鲜：高素质、高能力的员工永远不是企业最稳定的员工，如果企业在薪酬管理方面不能充分体现“优质优价”原则，那么高素质员工对自己薪酬心怀不满另谋高就。导致企业低素质员工相对量上升。这种现象显然对企业是极为不利的，因为一旦低素质员工驱逐了高素质员工，那么高素质员工留下的岗位可能需要更多的低素质员工来填补，这样一则会增加用人成本，二则企业的整体人员素质会下降，对外吸纳高素质员工的能力也会下降，企业势必会陷入效益下滑的恶性循环。

被驱逐被淘汰，一定是你的问题吗？

“弱肉强食，适者生存”只是苍白的教条，在真实的世界里，弱者最终占了上风的现象也屡见不鲜，这看似与常理相悖，其实也有其中的道理。

他们的职场 >>>

一个企业的三个员工：小曹销售业绩突出，连续三年打破了公司创下的销售纪录；小孙思维敏捷，公关能力强，常能处理好突发事件；小钱做事认真负责，能及时完成领导所布置的任务。这三人都深受领导好评，但相比而言，小曹是这三个人中能力最强的，小钱的能力则最弱。有一次，公司从这三人中挑选一位提拔为部门经理。此时，职场里所有的同事都认为小曹最有希望获得提拔，而小钱希望最小。但最后的结果却大出人们意料，恰恰是能力被认为最差的小钱当选，另外两个人则被淘汰。

原来，尽管小钱相对于小曹和小孙来说，工作能力稍逊一筹，但其人有个最大的优点，不与人争，和颜悦色，为人低调。当小曹和小孙为取得部门经理一职斗得不可开交时，小钱却表现得很超脱，得到了上级的好评。因此，尽管小钱的工作能力并不特别出色，表面看来对谁也不构成威胁，但正是这一“弱点”最终促成了他的成功。

有句话叫做“树大招风”，一个人能力越高，成就越大，就越有可能给周围人带来压力，走向被驱逐出局、被淘汰的悲剧结局。许多公司中同事间的互相倾轧，优秀的人士被排挤、被驱逐，其根源也大致如此。

你的职场 >>>

要想不被驱逐、不被淘汰，就要低调做人，积极做事，掌握职场技巧，拥有过硬的能力，这样才能成为职场的不倒翁，获得自己满意的发展。

反过来，哪种类型的员工会被淘汰呢?

庸庸碌碌又不肯学习，不求功劳但求无过者易被职场淘汰。现在毕竟不是以前吃大锅饭的时候，只要不出大的差错，就可以终身在一个单位里直到退休。如果你在企业中碌碌无为，不能够为企业创造价值，企业也不会白养你。

恃才傲物，不把任何人放在眼里，这样的人即便能力再强，为企业创造的财富再多，最终还是会落得被淘汰出局的下场。因为现代的企业都提倡团队合作，一个人再有才华，不可能做得了一个团队的事情，不懂得与他人合作，注定是要被淘汰的。

是非多多，爱嚼舌头，做事拖沓的人易被职场淘汰，现代的企业讲究的是效率，是非多、爱嚼舌头的人只会误事，当然不会被职场接纳。

不懂得为人处事，爱得罪人的员工也是容易出局的，因为人脉是职场生存一个重要的因素，平时不懂得积累自己的人脉，又爱得罪人，工作就难以开展，还可能受到排挤。

高学历就一定不会被淘汰吗?

现在很多学生面对竞争激烈的劳动力市场，认为只要学历高就不会被淘汰，于是他们选择本科毕业读研，硕士毕业了读博士。他们不知道对于企业而言，选择优秀的人才而不是高学历人，才是最重要的。曾经也有用人单位盲目认为高学历者都是人才，不惜重金引进。可是随着理性用人的趋势渐起，越来越多的企业对人才的定义不同以往，高学历者同样有被淘汰的可能。

他们的职场

林菲儿大学结业第一次走进人才市场，看见黑压压的人群，感觉到一片茫然，远远看见一家招聘单位无人问津，上前一看才发现是在招服务员，“您好，请问你们这里还需要人么？”林菲儿礼貌地问。

“你好，请问你作为一名大学生为什么选择应聘服务员呢？”招聘人员问。

“我学的是酒店管理，而服务员而是酒店的一员，我想先从低做起，学习并熟悉了整个酒店的流程，我才可能管理呀，所以做服务员对我来说也算是一种锻炼。”林菲儿从容地应答道。

“嗯，那好，请留下你的简历，如果录用我们会联系你的。”林菲儿留下简历道谢就离开了。

三天后林菲儿接到用人单位的通知让她来工作。林菲儿去了以后得到的却是客房部经理助理的职位。

“你们不是在招服务员的吗？”林菲儿疑惑地问。

“找服务员只是我们在人才市场打的一个幌子，没想到现在大学生的眼光都那么高，连问都没来问，而你不同，所以这次机会属于你也是正常的。”经理解释道。

在这个故事中，许多大学生眼光过高，对服务生这种工作不屑一顾，自己选择了“被淘汰”，而林菲儿却选择从低做起，最终被公司接纳。其实这是企业以一个公平的环境让大家来竞争，成绩优秀不代表就有能力。与其等待市场驱逐高学历，不如像林菲儿那样从低门槛中跨进去，用能力为自己赢得发展空间。

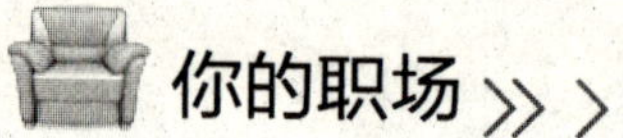

你的职场

高学历人才遭遇劣币驱逐良币往往和本人的工作态度有关，不肯踏踏实实从低做起，其实只要转变自己的观念，高学历者也可以避免劣币驱逐良币。

第一，放下身段，学会求助他人。你的能力再强，不可能自己一个人做得了所有的工作，你需要在遇到困难时要有求助他人的能力。殊不知，当你求助于他人时，正好是给他人表现自己的机会。有些高学历者，自恃能力强，学问多，不屑于求助他人；还有的人认为求助他人是自己能力低下的一种表现，所以即使不会也想办法糊弄，也不愿意求助他人；还有的人认为求助他人就欠了别人的人情，以后还得还，尽量自己解决。这些都是不懂得求助的一种做法。求助他人不但有助于自己及时完成工作，还会有助于与同事搞好关系（人脉的建立就是在这“一求，一还”中产生的），有时候求助还是一种“示弱”的表现，求助表示你学历再高也有不会的，和普通人差不多，这样就会避免劣币驱逐良币。

第二，遵守公司的规则。你的学历再高，只要身处职场之中，你就得遵守职场的规则。职场的规则不是按照学历高低来设置的，它是规范职场中每一个人的行为的。如果你自恃学历高，不愿和那些低学历的人遵守同一个规则，那么你就面临着被淘汰的危险。学历高有时候会享受一些特殊的待遇，比如你的薪水可能会高一点，你的工作看似复杂一点，你也会受人尊重一些，但是这些不能成为你不遵守公司规则的理由和借口。

后记

写这本职场悖论时，正处于换工作的阶段，面临着求职、试用以及如何适应新职场、如何与同事交往等诸多难题，这个过程中内心一直不平静，总是在思考：该做什么？该怎么做？而这本书就是在这样一点一滴的思考过程中渐渐成形。

职场人大抵都有共同的经历：求职、辞职、再求职。他们面对的人际关系也无外乎：上司、下属、客户、合作伙伴。然而当这些看似明了的因素交织在一起时，问题扑面而来，职场变成了一个密不透风、剪不断理还乱的套，将局中人死死套牢。

当局者迷，这也是这本书成书的原因。哲学作为源于生活而高于生活的智慧，同样能够帮助职场人跳出套牢自己的圈子，从更高的角度，以更开阔的视野来俯视职场，剖析职场，为行动提供指导和借鉴。

希望透过这 24 个悖论，你能够看到一个不一样的职场，为自己打造一个不一样的未来。